◆幼儿园教师必备丛书·第三辑

优秀幼儿教师
必备的60项教育技能

张洪梅◎编著

上海科学普及出版社

图书在版编目（CIP）数据

优秀幼儿教师必备的60项教育技能 / 张洪梅编著. -- 上海 : 上海科学普及出版社, 2017.5 （2023.12重印）
（幼儿园教师必备丛书. 第三辑）
ISBN 978-7-5427-6886-5

Ⅰ. ①优… Ⅱ. ①张… Ⅲ. ①学前教育－教学参考资料 Ⅳ. ①G613

中国版本图书馆CIP数据核字(2017)第094169号

责任编辑　李　蕾

幼儿园教师必备丛书·第三辑
优秀幼儿教师必备的60项教育技能
张洪梅　编著

上海科学普及出版社出版发行
（上海中山北路832号　邮政编码200070）
http://www.pspsh.com

各地新华书店经销　山东博雅彩印有限公司印刷
开本787 × 1092　1/16　印张100　字数800 000
2018年4月第1版　2023年12月第3次印刷

ISBN 978-7-5427-6886-5　定价：298.00元（全10册）

前言

幼儿教育的改革和发展，对担负着学前教育重要责任的幼儿教师提出了新的、更高的需求。幼儿教师要不断加强教育技能，明确自己在教育过程中的角色，掌握应具备的教育技能，努力使自己成为一名优秀的幼儿教师。

《幼儿园教育指导纲要（试行）》中明确地给幼儿教师以专业化的角色定位："幼儿教师是对孩子一生发展具有深远影响的专业人员。"充分肯定了幼儿教师在教育、幼儿发展中的作用和地位，表达了对教师的尊重和关注，也充满了对教师专业成长的期望。

在教育工作中，幼儿教师应该具备哪些教育技能，如何促进幼儿教师技能提升，一直是广大幼儿教师值得探讨的问题。

针对幼儿教师应具备的教育技能问题，本书将对如何做有内涵的教育工作者、如何提高教育实效性、如何创设有利于幼儿成长的教育环境等方面作出了较为全面的阐述，帮助幼儿教师完善和提高自身教育技能，成为一名合格的幼儿教师。

目录

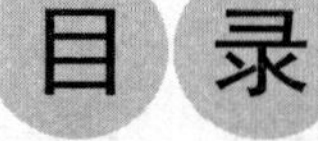

目 录

目 录

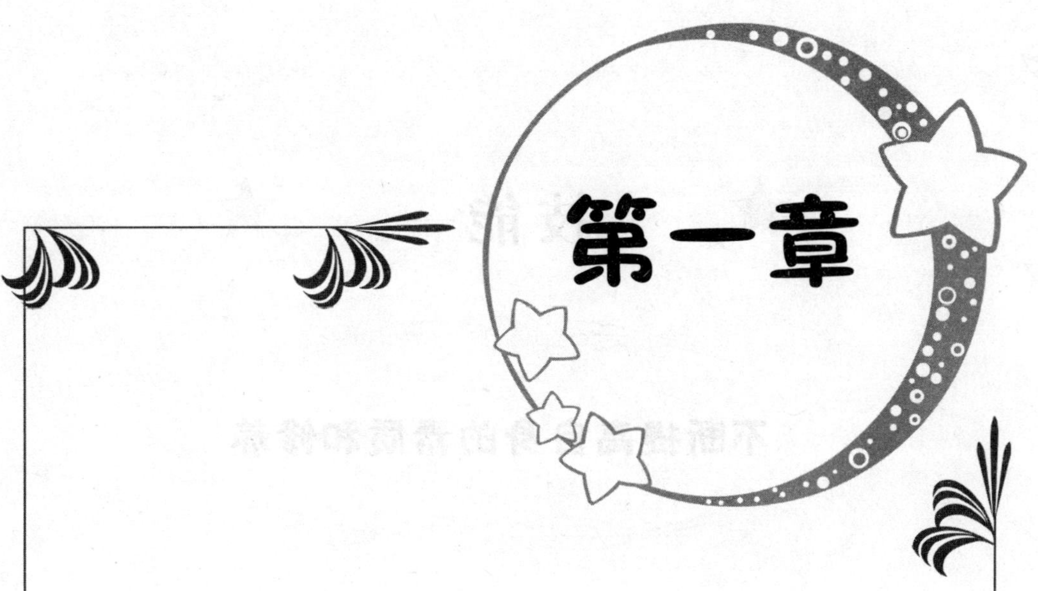

第一章

做有内涵的教育工作者

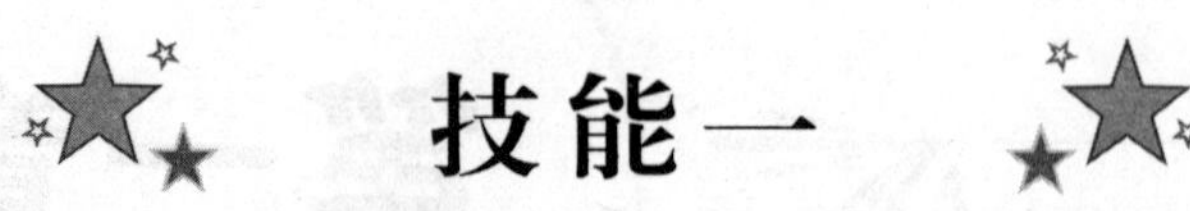

技能一

不断提高自身的素质和修养

福禄贝尔认为：“教师是幼儿学习的指导者，是良好环境的卫士。”从这句话不难看出，幼儿教师对幼儿教育起到了关键作用，其素质和修养的高低直接影响到幼儿的成长和发展。幼儿教师只有坚持不懈地充实自己、丰富自己、完善自己，不断地加强个人修养、职业修养和职业道德修养，才能胜任儿童启蒙教育的重任。具体应从以下几个方面不断地提升自己。

一、不断提升自身的学习能力

随着社会的进步，知识在不断地更新和扩展，很多新知识、新方法和新问题也随之在不断地涌现。众所周知，一名优秀的幼儿教师靠的是渊博的学识、高尚的人格和高超的教学水平。因此，教师只有不断地增强自身学习能力，才能够与时俱进，不断地更新教学课堂结构。

二、不断提高教学技能

教学技能是教师的基本功，教师首先要做到热爱这份职业，这样才能全身心地投入教学工作中。其次，要把所掌握的知识与教学相结合，在课堂中加以运用。

三、不断地自我反思

很多教师都会定期写反思材料，但是很多教师都把它当成是一项任务来完成，而不是当成是对自己教学的一个回顾和思考、评价。其实，反思并不是一种简单的自我评价，而是一种对教学工作的自我思想反省，理性地评价自身的能力和不足，从而获得激励，不断地改进教育方式。

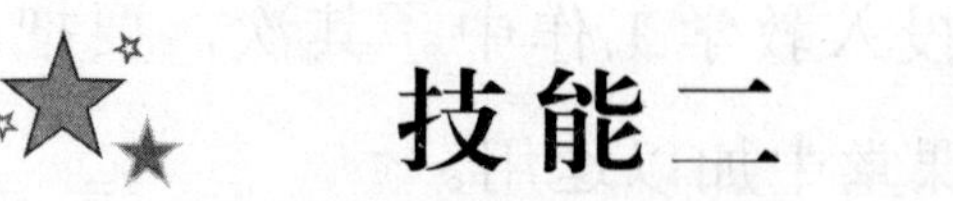

技能二

以身作则　言传身教

教育家陶行知先生曾说过："千学万学，学做真人，千教万教，教人求真。"教师的道德品质、言行举止都直接或间接地影响幼儿的成长，这就是"言传身教"的作用。

在幼儿园里，与幼儿相处时间最多的就是教师，教师的行为是幼儿做出判断的重要体验依据，教师的言谈举止，喜怒哀乐，都会深深刻印在幼儿心上，他们常常依照教师的形象塑造自己。如果教师走路慢慢吞吞，做事情拖拖拉拉的，所带的幼儿也会有同样的习惯；如果教师要求幼儿要学习控制自己的情绪，对人要有礼貌，自己却经常不主动向人问好，那么所带的幼儿也很难对别人有礼貌；如果教师时刻要求幼儿讲卫生，自己却常常饭前饭后不洗手，那么幼儿就不会养成洗手的习惯；如果教师要求幼儿安静倾听别人说话，自己却经常打断他人的谈话，那么幼儿也不可能成为一个倾听者。诸多现象屡见不鲜，在幼儿眼里，教师的一言一行、一举一动，都看在眼里，记在心上，不知不觉、有意无意地模仿教师。可见，榜样的教育，尤其是教师的身教，在幼儿教育中起着举足轻重的作用。因此，作为教师，一定要认识到以身作则，言传身教的重要性。

孔子曰："其身正，不令而行，其身不正，虽令不从。"《后汉书》中的"以身教者从，以言教者讼"也是把以身作则和言教相比较理解的。这些都充分说明了以身作则的重要性。因此教师要为人师表，严格要求自己，不论是在课堂上，还是课间休息，不论是在幼儿园，还是在家里，都要言行一致，一丝不苟，以高尚的道德、良好的个性教育后进生，做到"以德感人，以德服人，以德育人"。

技能三

树立优秀的人格品质

随着社会的发展进步，对幼儿教育的要求也在不断地提高。作为教师，其品质的高低在很多方面上对幼儿起到了重要的作用。要培养幼儿优秀的人格品质，幼儿教师首先要具有优秀的人格品质。

一般而言，幼儿更喜欢性格开朗、活泼、热情、有朝气、性情温和、待人真诚、和蔼可亲、耐心、有幽默感的老师。为此，幼儿教师要在教育中积极影响幼儿，赢得幼儿尊敬和喜爱，就需要具备坚守信念、坚忍不拔、富有爱心、懂得感恩等人格品质。

一、坚守信念

理想信念是人生的指路明灯，教师只有树立远大理想、坚定崇高信念，才有可能为社会、为民族培养出栋梁之材。一个对自己工作没有信心，没有远大的理想，整日消极懈怠的人，是无法做好幼儿教育工作的。幼儿教师只有树立崇高的职业信念，把教书育人当作自己的伟大使命，所教育的幼儿才有希望。

二、坚忍不拔

对一个教师来说，坚忍不拔的意志力非常重要。现在幼儿教师中存在着大量的倦怠现象，这除了与社会对幼教地位的看法不高有关外，更与教师们缺少坚忍不拔的精神有关。幼儿教师每天面对的是还未形成生活自理能力，时刻需要给予细心照料和保护的幼儿,长期身处繁重的工作中,真正要做到坚忍不拔，不向挫折弯腰并非易事。就因为如此，幼儿教师才更应该在幼儿面前树立起不怕困难，坚忍不拔的品质，从而让幼儿在潜移默化中受到教育。

三、富有爱心

德国学者斯普朗格曾经将“爱”比喻为教育的“根”。在幼儿教育中，“教育爱”不断滋养着儿童教育这棵“大树”，为其茁壮成长提供必需的各种“营养”。 没有教育不好的孩子，有时，对孩子的爱才是最好的教育方法。孩子都十分在乎老师的态度，不管是调皮好动的孩子，还是性格内向的孩子，有时老师的一个微笑，一个拥抱，一个赞许的眼神，都会让孩子兴奋不已，往往会收到意想不到的教育效果。有爱心就要热爱幼儿，包容幼儿的一切，在对幼儿付出爱心时，就会从工作中获得幼

儿教育的意义和快乐。

四、懂得感恩

教育家霍姆林斯基曾说:“良好的情感是在童年时期形成的,如果童年蹉跎,失去的将无法弥补。”一个不知道感恩,不知道报答他人和社会的人,不是一个人格完整和心灵健康的人。要让幼儿学会感恩,教师首先应该是一个懂得感恩的人。教师要通过自己的言传身教去教育感染幼儿,对别人给予自己的哪怕是再微不足道的帮助和关怀,教师也不要忘了感恩:比如,当幼儿向教师问好时,教师应该积极回应;当幼儿送教师节日礼物时,教师也要真心回赠小礼物,以表示感谢;当幼儿为教师做了一件好事时,教师一定要把感谢之意说出来,把感恩之情表达出来等。

总之,幼儿教师要以《幼儿园教育指导纲要(试行)》为总旨,以促进幼儿终身发展为目标,不断提高自己的素质和修养,树立良好的人格品质,使自己真正成为一名合格的幼儿教师。

技能四

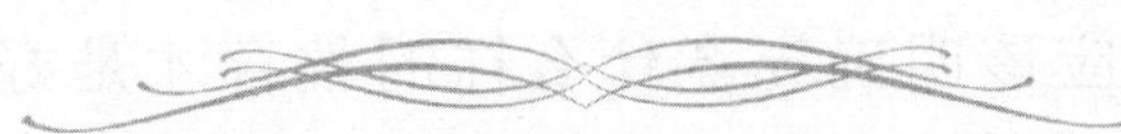

具备高尚的职业道德素质

职业道德素质是一名教师从事教育事业的基础与根本，作为一名幼儿教师，在具备基本的身心素质和修养的同时，更应具有高尚的职业道德素质。

一、具有高度的责任感和事业心

教师工作是一个社会的平凡岗位，日常工作也是琐碎和平凡的，同时又是复杂多变的，有时孩子的行为会出现问题，有时孩子的生活又需要教师特殊的照顾。在这样繁琐的工作下，教师应该对幼儿教育工作有一个正确的认识，有充分的准备，坚定信念，保持一颗执着的事业心。一个没有责任心、没有事业心的教师，肯定干不好教育工作，更谈不上成为一名称职教师，一名好教师。

二、热爱幼儿，热爱教育事业

陶行知说："爱是一种伟大的力量，没有真爱便没有教育，没有真挚的爱，就没有成功的爱。"幼儿教师在平凡的岗位上，只有热爱幼教事业，才能忠诚工作；只有热爱幼儿，才能教育好幼儿。

三、具有正确的教育目的观

作为教师应该明确究竟什么样的教育才是好的幼儿教育，才是高质量的幼儿教育。一些家长为了使自己的孩子不输在起跑线上，要求幼儿园大量教幼儿教识字、拼音、书写、计算等，而忽视了幼儿情感、态度、能力、习惯、兴趣的培养，使幼儿失去了天真烂漫的童年生活。在这种现实中，需要教师确立正确的教育目的观，注重培养头脑灵活、身体健康、性格开朗、品质优秀、人格健全的孩子，还孩子一个健康快乐的童年。

四、尊重幼儿、家长

尽管教师在与幼儿、家长关系中起主导作用，但在人格上是完全平等的，没有尊卑、高低之分。教师在与家长交流沟通时，要建立相互信任、相互尊重，相互支持的伙伴关系与亲密情感，不要动不动就向家长告状，不要当众责备他们的孩子，更不能有斥责家长、侮辱家长人格的话。当家长发自内心感受到教师对自己的理解和尊重，喜爱并关心自己的孩子时，自然就会产生信任感，并由衷地尊重教师，从而乐于与教师拉近距离，幼儿、教师和家长三者之间的关系才会更加融洽、和谐。

技能五

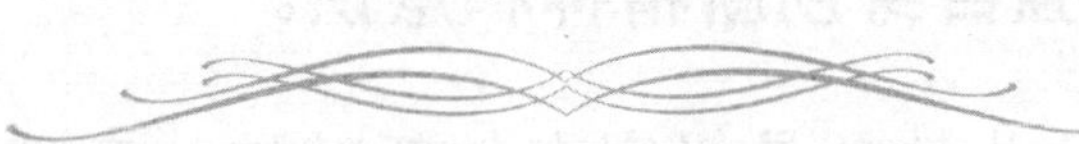

激发自身创新精神和意识

幼儿在幼儿园活动中体现出的创新意识并不是与生俱来的，创新学习的能力也不是自然形成的，要对幼儿实施创新教育，首先就要求幼儿教师自身要有创新意识、创新能力，具备创新水平。只有创新精神和创新意识的幼儿教师才能对幼儿进行启发式教育，进而培养幼儿的创新能力。

幼儿教师如何激发自身创新精神和意识，至少应该在以下方面着手：

首先应认识创新精神和意识的重要性。

创新是一个民族进步的灵魂，幼儿教育在现代社会扮演着越来越重要的角色。而幼儿教师作为幼儿的第一任老师，其责任重大。要想培养出具有创造思维和创新能力综合素养的幼儿，

作为引路人的幼儿教师需要认识到自身的创造精神和创新意识是多么的重要。在实际教学工作中，幼儿教师应努力建构创新意识，只有用“幼儿创新教育”的新思想武装自己，才能正确地将培养幼儿的创新意识和创新能力与教育教学有机地结合起来。

其次应增强自身创新精神和意识。

事实上，幼儿教师是极富有创新精神和意识的职业。幼儿教师所接受的新知识对其开展的幼儿创新教育具有很大影响作用。因此，这就需要幼儿教师不断更新知识，不断地自我更新、自我超越，这样才能运用新的、先进的教育理念来指导自己的工作。

最后应激发创新精神和意识。

创新意味着打破旧的规则，创设新的规则，这就要求幼儿教师要对自身的才能有充分的认识，善于挖掘自己的潜能，发挥最大的积极性，激发自身的创新潜能。在平时的工作中，幼儿教师要积极主动大胆创新，改变呆板的教学方法，勇于创新、勇于实践，对幼儿教育进行大胆探索创新。

技能六

树立正确的健康观念

《幼儿园教育指导纲要（试行）》提出："幼儿园必须把保护幼儿的生命和促进幼儿的健康放在工作的首位。"但在实践中，多数幼儿园只重视幼儿的心理保健而忽视幼儿教师的正确健康观念。因此，幼儿教师树立正确的健康观念具有现实意义。

随着社会的发展。目前幼儿普遍都是独生子女，普遍存在自私、任性、不懂得关心他人、缺乏合作交往意识和能力、自控能力差等问题，个别幼儿还存在孤僻、攻击性行为、胆怯、多动、情绪障碍等。针对这些问题，如果幼儿教师缺乏正确的健康观念，没有及时有效地矫治幼儿的心理和行为偏差，势必会对幼儿的心理健康造成严重的影响。因此幼儿心理健康教育能否有效地开展，与幼儿教师的正确健康观念密不可分。

幼儿教师要树立正确的健康观念，有赖于对幼儿教育知识和心理健康知识的掌握情况，此外还需要了解和掌握各种心理教育理论。在日常工作中，幼儿教师也可有意识地丰富自身的知识，观察和了解幼儿经常出现的各种心理问题，进行比较和分析，从而更好地增强幼儿心理健康教育的实效性。

实践证明，幼儿教师要树立正确的健康观念，离不开教学和实践，只有通过实践，才能在重视自己身体健康的同时，高度重视幼儿的心理健康教育。因此，幼儿教师要通过各种渠道积极主动参加园内外幼儿心理健康教育活动观摩评析、研讨、反思和互动交流。只有这样，幼儿教师才能在教育教学活动中更好地培养幼儿的心理素质和自身的心理素质。

相关调查表明，幼儿在幼儿园产生的不良情绪大多数原因来自外在因素，当然也包括幼儿教师对幼儿的影响。幼儿教师要在工作当中有效地对幼儿进行心理健康教育，就必须树立正确的健康观念，提升心理健康教育技能，只有这样，教师才能及时而准确地了解幼儿的心理状态，作出正确的评价，预料可能出现的后果，采取相应的措施，有针对性地对幼儿实施心理健康教育。

《3～6岁儿童学习与发展指南》提出，“健康是指人在身体、心理和社会适应方面的良好状态”，强调幼儿的健康应包括身心的健康，把幼儿的“情绪安定愉快”“具有一定的适应能力”作为身心状况的重要目标提出来。因此，幼儿教师不仅要具备正确评价幼儿心理健康状况的能力、了解幼儿心理特征的能力，还应树立正确的健康观念，这样才能对幼儿异常心理行为进行教育和及时矫治。

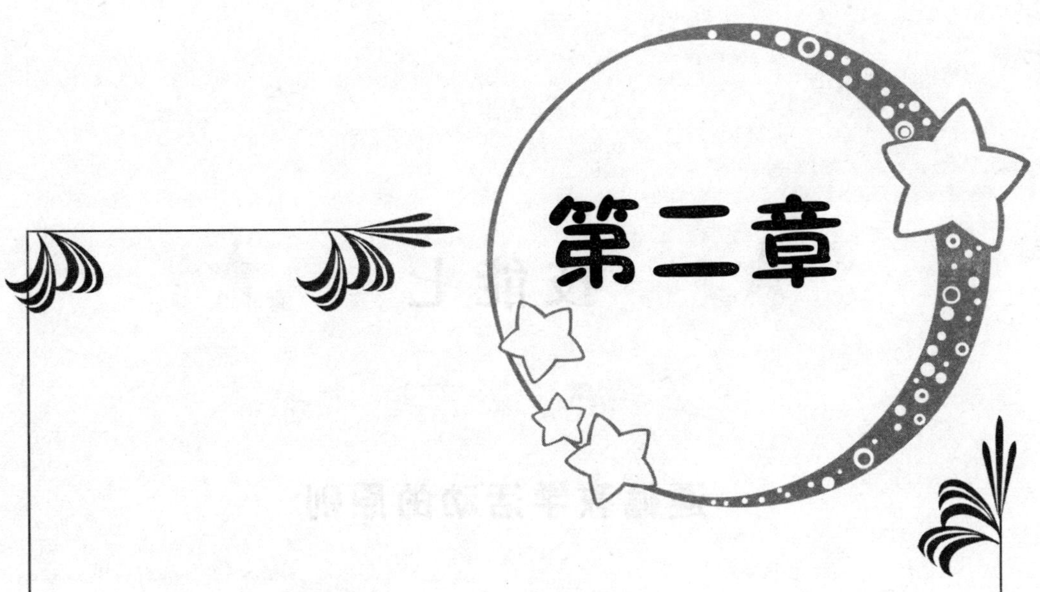

第二章

提高教学实效性

技能七

遵循教学活动的原则

幼儿园教师的教育对象是幼儿，因此相对于其他学生来说，在制定教育计划、选择和使用教材、运用教学方法等，都要考虑到教育对象的鲜明特点，只有正确把握和运用以下五个原则，才能保证教育活动的质量，从而有效地完成教育教学任务。

一、科学性原则及运用

幼儿年龄小、经验少、判断力差、模仿性强，容易接受周围环境的影响和外部刺激，因此，在开展幼儿园教育教学活动中，教师坚持科学性原则是极其重要的。教师要根据幼儿的年龄特点，选择正确的符合幼儿全面发展要求的教学内容，制定切实可行的教育教学计划，选择灵活多样的教学模式、组织形式和教育教学方法，让幼儿在发展的最佳时期获得大量正确、可靠

的知识。

二、趣味性原则及运用

兴趣是最好的老师，要想优化课堂教学，提高教育实效性，必须激发幼儿的求知积极性。而幼儿的认知发展尚处于无意性占优势的阶段，他们的学习往往受兴趣支配，因此，只有教育教学的内容、活动形式、方法等符合幼儿的特点，使他们能接受并产生感兴趣的刺激，才能激发幼儿参加活动的主动性和积极性，产生强烈的求知欲望。比如，在教学过程中增加灵活多样的、充满趣味性的竞赛性活动，以引导、激发幼儿对活动的兴趣，使幼儿在愉快的气氛中，带着喜悦的情绪，全身心地投入活动中去，获取知识和技能。

三、发展性原则及运用

教育的目的是促进幼儿发展，教育能对幼儿一生的生存、学习和发展起到积极的影响和作用。贯彻发展性原则，就必须充分了解幼儿的知识理解能力、智力水平，把幼儿发展的可能性与之相结合起来。因材施教，量力而行，使每个幼儿都能在原有的基础上获得最大限度的发展，这样才能达到幼儿个性的全面发展和智力水平的迅速提高。

四、灵活性原则及运用

灵活性原则是指教师在教育教学过程中要根据各种因素的差异和变化，机智、灵活、富有创造性地组织活动。无论是教

育环境的选择和创设，还是教育教学计划的制定和执行，教师在保证幼儿教育教学内容丰富多彩、形式活泼多样、方法灵活多变和过程随机应变。

五、整合性原则及运用

幼儿园的教育活动是多种教育目标相互渗透的实现过程，幼儿教育不是割裂的活动拼凑，而是融入一日生活的整体，要重视整体性活动的设计。教育的目标是将关联的整体相互贯穿与整合，实现培养目标的有机融合过程。

技能八

掌握有效的教学方法

幼儿就像一张洁白的纸、一本有趣的书，幼儿的思维是单纯的、天真的，成长又是富于变化的。早期的教育对于幼儿来说是十分必要，它为孩子的未来打基础，使他们成为未来世界的主人。因此，幼儿教育又被称为启蒙教育。如何才能实现成功的启蒙教育？与中小学的教育相比，幼儿教育对教师提出了更高的要求。

对于幼儿而言，能否真正地吸收教学内容与教师运用的教学方法有很大的关系。对于教师而言，能否有效地提高教学实效性，实现教学目的与其运用的教学方法也有很大的关系。目前，幼儿教师常用的教学方法有如下几种：

一、讲解示范法

讲解是指教师指导幼儿理解和掌握活动的名称和练习内容，领会动作的要领和做法的一种方法。示范是指以教师或者幼儿的动作作为范例，使幼儿看到所要练习和掌握的动作或者技能。在具体的教学过程中，教师常常将讲解和示范合理结合，尤其在语言、艺术、健康领域用得较多，这种方法是适合幼儿特点的有效方法之一。

二、提问法

在教学过程中，提问是教师与幼儿之间常用的一种互相交流的教学方法。通过师幼相互作用，从而实现教学目的。它是教育教学常用的教学方法之一，也是指导幼儿观察、学习的主要方法。

三、讨论法

在教师的指导下，幼儿对某一个问题通过发表或者进行争论表达自己的不同认识和看法。一般以全班或小组的形式，共同研讨，相互启发，集思广益地进行学习。

四、练习法

是指在教师讲解示范后，让幼儿进行各种练习，以实现活动目标的一种方法，也是幼儿在学习过程中的一种主要的实践活动。

五、体验法

是指让幼儿通过各种感官来认识和判别事物的特征，这种方法可以有效地激发幼儿参与活动的兴趣。比如，教师可以根据教学目的的要求，组织幼儿到户外对实际事物和现象的观察，获得新知识的方法。

六、指导法

是指教师直接或者间接地对幼儿进行指导，帮助幼儿掌握正确的动作或者方法。这种方法多在重复练习时运用，也是教师在进行个别幼儿指导时的有效方法。

七、演示法

是指教师把实物或实物的模象展示给幼儿观察，或通过示范性的实验，通过现代多媒体技术手段，使幼儿获得知识更新的一种教学方法。它是辅助的教学方法，经常与讲解示范、练习、讨论等方法配合一起使用。

技能九

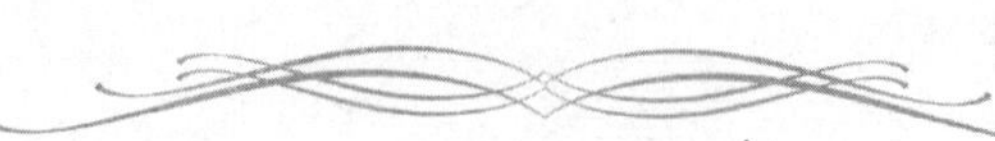

引导幼儿主动参与学习

在教学中，教师要让每个幼儿都有主动参与的机会，使每一个幼儿在主动参与的过程中体验学习的快乐，获得心智的发展。为此，教师要引导幼儿多种感官全方位地主动参与学习。

首先，教师应通过多种形式与方法去追求教学活动的趣味性、生动性、新颖性和实效性，以“趣”引路，充分调动幼儿的多种感官主动参与活动。在整个活动过程中，教师的教学方法应是灵活多变的，引导和启发幼儿积极思考，善于发现问题，勇于提出见解。

其次，教师要创造宽松和谐的精神氛围，使幼儿产生亲切的感受，促进幼儿学习主动性的发展，激发幼儿的学习欲望和内在动机，使幼儿真正成为学习的主人。在教学中，要时刻关爱孩子，以平等的合作者、参与者的身份参与幼儿的活动；尊重幼儿，鼓励幼儿按照自己的意愿去选择喜欢的游戏和其他活动的权利；不要限制幼儿的自由；让幼儿没有被同伴耻笑的苦恼，没有被老师斥责的忧虑。在这种民主、平等的课堂气氛中，幼儿会全力地投入学习，充分体会学习的乐趣。

再次，教师通过激发幼儿的情感引导幼儿主动学习。幼儿的情感极大地影响他们对学习的兴趣，教师应通过提供幼儿可以接受的、鼓励的环境，以此激发幼儿学习的兴趣，让他们有信心参与学习，并认为自己能够学好，学会。幼儿从不喜欢学习，到喜欢学习，直到主动参与学习，是一个艰难的过程，需要教师不断地激发幼儿的情感。

最后，教师采用表扬、鼓励的方式引导幼儿主动参与学习，使幼儿的思维最大限度地活跃起来，积极参与教学过程。幼儿是学习的主体，要让每个幼儿都有机会尝试，要支持、鼓励幼儿大胆探索与表达。在活动中，为幼儿创造发言的机会，鼓励幼儿通过亲自体验去感知事物，发现问题，解决问题。采用表扬、鼓励的方式，引导幼儿多说，多主动参与活动，调动幼儿的学习积极性和主动性。

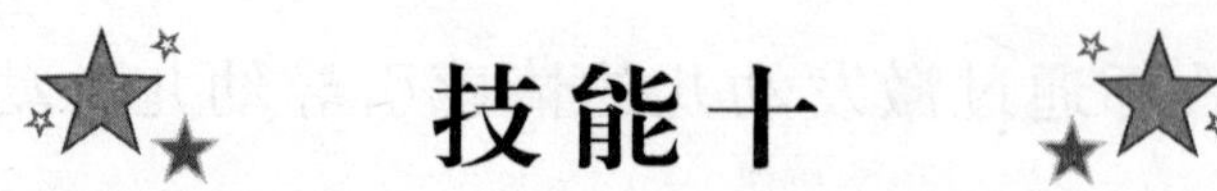

技能十

让每个幼儿获得成功的体验

霍姆林斯基说过："一个孩子，人格从未品尝过学习劳动的欢乐，从未体验克服困难的骄傲——这是他的不幸。"每个人都有成功的愿望，儿童更是如此。很多情况下，他们正是靠着这种愿望的推动，不断地取得自我发展和自我需要。因此，教师应该充分利用幼儿的成功愿望，让每个孩子都能得到成功的体验，使每个孩子在不断获得成功的过程中，产生获得更大成功的愿望，使他们在原有的基础上都能得到更理想的发展。

首先，教师要尊重每个幼儿，相信每个幼儿都能成功，让他们树立成功信心。成功的体验是最足以使幼儿感到满意、快慰，愿意继续学习的一种动力。心理学告诉我们，一个人只要体验一次成功的喜悦，便会激起无休止的追求意念和力量。作为教师，只有做到尊重每一个幼儿，帮助幼儿树立成功信心，那么，

每个幼儿才会做得很出色。

其次，教给幼儿走向学习成功的方法。教师不仅要在了解每个幼儿的基础上给其提供成功的机会，创造成功的条件，使每个幼儿都能尝到成功的滋味，获得成功的体验，更重要的是要教给幼儿一些走向学习成功的方法。因此，在教学中，老师要教给幼儿一些学习的方法，重视幼儿学习方法的指导。

作为教师，也应该让每个幼儿永远充满自信，尤其是“个别幼儿”，要让他们确信：自己有一个聪明的脑袋，有很强的潜能，某些方面没有做好，是因为自己没有努力，没有充分利用自己的优势，没能充分挖掘自己的潜能，从现在开始，只要肯努力，不怕困难，就一定能成功。

只要在教学过程中不断给孩子创设成功的机会，让每个孩子不断得到成功的体验，就能大大提高他们的学习兴趣，充分调动幼儿的学习主动性，使他们满怀热情地投身学习。

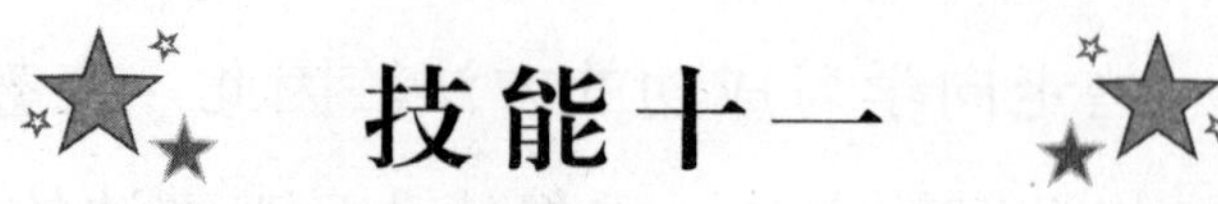

技能十一

满足每个幼儿的需求

教学的每一个环节都应当从教学的目标与需要出发，从幼儿的需要出发，不能为创设情境而创设情境，任何情境都不能游离于教学之外。教师要恰当地就教学内容设计出具有思考价值的问题，要理解、洞察幼儿的想法，丰富幼儿的生活经验，为幼儿的学习提供表象的提示和支持。

教师只有在平时生活中细心地观察幼儿、研究幼儿，对幼儿反馈的信息要多加留意、洞察、分析，才能了解幼儿的真正需要，才能真正地做到满足幼儿的主动学习、主动体验、主动参与、自我服务等需要，而且幼儿还具有自己看待问题的角度和理解事物的方式。教师在确定教材的重难点、设计教学问题、选择教学方式等工作中，也要充分考虑幼儿的已有经验与认知特点，关注幼儿的需要。

幼儿在幼儿期还有许多情感需要。尤其是刚进入幼儿园的孩子，他们期待得到教师的关注、爱护，教师要充分了解这一时期幼儿的情感需要，根据幼儿不同的特点、不同的表现，不同的行为方式，采取不同的方法，使幼儿产生安全感，心情愉快，行为积极性高。在生活和交往中，幼儿更期待得到别人的理解、尊重和肯定，因此，教师的一个善意的微笑、一次小小鼓励、一个轻轻的拥抱，都能让幼儿体验到无限的快乐和满足。走进幼儿的生活和心里，倾听幼儿的心声，满足幼儿的情感需要，多给他们想象的空间，让他们用各种不同的方式去表达自己内心的想法，当他们的情感需要得到满足时，他们积极的情绪和情感会在不知不觉中得到激发。

技能十二

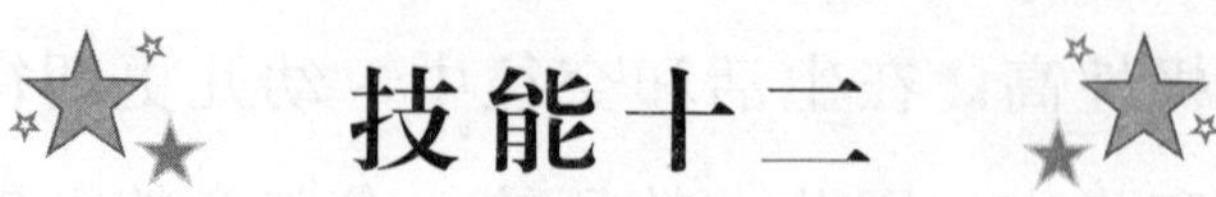

注意教学设计的优化

随着社会的不断发展，对幼儿园教学设计进行优化是目前大势所趋，也只有这样才能提高教育实效性，满足幼儿教育活动发展的需求。幼儿教师应在幼儿活动用书作为实施教材基础上，采用优化合作式学习模式等具体措施，实现优化幼儿园教学设计的目的。

在实际工作中，教育活动开展的成功与否最关键的是活动教学设计是否满足幼儿的需要，是否能够吸引幼儿注意力，只有优化的教学设计才能让幼儿在最短的时间内获得更多的知识。对教学设计进行优化时，需要注意下面三个方面：

一、重视幼儿的认知发展

幼儿教师单单重视组织活动是不够的，还必须关注幼儿的认知发展。幼儿只有在能够听懂的基础上才能学到知识，获得知识，如果教学设计的目标低了，幼儿早已经学会了，自然不会有兴趣学习；如果教学设计的目标高了，幼儿听不懂，无法理解，自然不愿意听。

二、分清重点、难点

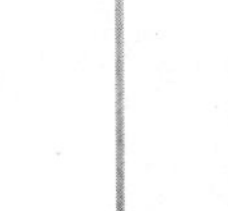

进行教学设计时要突出重点，活动时要紧紧围绕重点进行讲解分析，以它为中心，启发幼儿加强对重点知识的理解。而在教学设计难点时，要认真研究活动中大多数幼儿不易理解和掌握的知识点，活动时要注意多围绕难点进行讲解，突破难点。

三、具有趣味性

具有趣味性的教学设计一开始就能抓住幼儿的注意力，激发幼儿的兴趣，使其认真地投入到活动中。因此，教学设计是否具有趣味性是非常重要的，如果是无趣的活动，那么整个活动开展就会比较困难，更别说实现教育的实效性。

总之，一个优化的教学活动设计是由幼儿教师在综合考虑各方面的基础上，经判断、选择、反思后形成的。这是一个复杂的过程，而不是照搬现成的活动设计就能完成的。因此，对于幼儿教师来说，实施幼儿教育不仅仅是提供或展示一个具体的活动设计，而是需要把这些具体活动设计的基本要素和规律，以利于幼儿教师把握框架、自我反思，在借鉴的基础上优化的教学活动设计。

技能十三

重视师幼互动构建

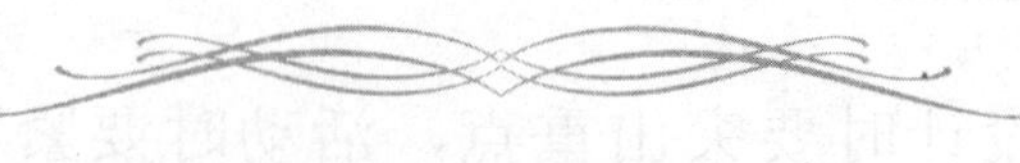

师幼互动作为幼儿园教育的基本表现形态，存在于幼儿园教育的各个领域。并对幼儿发展产生难以估量的影响。随着幼儿教师的教育观念不断更新，行为不断改善，大多数幼儿教师已经能够有意识地通过积极的师幼互动提高教育的有效性。而在幼儿教育实践中，师幼互动难免会显得消极和被动。那么，幼儿教师在幼儿园活动中，如何才能构建积极有效的师幼互动呢？

首先要建立平等、民主的师幼关系。良好的师幼关系，有利于创设友爱、和谐、温馨、融洽的环境，幼儿只有在安全、自由、宽松的环境中，才会情绪稳定、心情舒畅，保持愉快的心情，这为师幼互动奠定了良好基础。幼儿教师表现出对幼儿的关注与尊重，建立融洽的师幼关系，师幼之间才能产生积极的互动。

其次给每个幼儿提供师幼互动的机会。由于班级的幼儿人数多，幼儿教师既要忙于完成教学内容，又要顾及课堂秩序，往往不能顾及给予每个幼儿提供师幼互动的机会。尤其在集体活动中，一些能力强的幼儿往往获得的师幼互动机会较多，而一些能力弱的幼儿却失去了师幼互动的机会。在这种情况下，幼儿教师应及时地调整课堂教学方法，充分关注到每个幼儿，捕捉到每个幼儿的情况，提高幼儿个体与教师的交流频率，为师幼互动提供机会。

再次要关注幼儿的行为。在幼儿园一日活动中，幼儿是活动的主体，是幼儿教师关注的中心、关注的重点。只有关注幼儿，才有可能通过幼儿的语言、动作、表情、眼神等读懂幼儿，发现幼儿的需求，寻找到师幼互动的契机，与幼儿产生有效地互动，促使孩子得到更好的发展。因此，幼儿教师能否对幼儿的行为给予关注是师幼互动能否得以进行的前提和基础。

最后要调整角色定位。在传统的教育观念中，幼儿教师往往将自己定位于幼儿的教育者、管理者、保护者，而认为幼儿是被教育、被保护、被管理的地位，形成了不对称的师幼互动关系。而现今，幼儿教师要调整角色定位，幼儿是活动中的主人，而幼儿教师只是“支持者、合作者、引导者”，因此，幼儿教师在活动中要摆正自己的位置，建立良好师幼互动关系，以幼儿为中心，加以引导，让每个孩子都愉快地参加到活动中来。

构建积极有效的师幼互动是幼儿教育的重要组成部分。因此幼儿教师应热切地关注、尊重每一个幼儿，建立良好的师幼关系，在教学实际工作中，实现积极的、有效的师幼互动。

技能十四

及时有效地进行教学反思

在现实的教学过程中，很多幼儿教师在课前准备和教学设计方面比较重视，而在教学活动的反思和总结方面却显得认识不到位，撰写的教学反思往往流于形式，而真正意义上的教学反思是幼儿教师对教育教学实践的再认识、再思考，并以此进行总结经验的过程。

对于幼儿教师来说，在教学实践中既有成功的经验，也会有失败的教训，不管是成功还是失败，这些都是不可多得的财富。如果幼儿教师能够通过教学反思，及时进行分析和整理，总结和提炼，这对进一步提高幼儿教师的教学水平具有重大意义。幼儿教师在教学反思中应及时回顾与审视，做好记录，为反思提供素材，把活动中的成功之处记录下来，这样在以后的教学中可以在此基础上不断地改进、完善。除了记录成功的地方，还需要记录疏漏失误之处 。即便是成功的课堂教学也难免有疏漏失误之处，对其进行回顾、梳理，并作深刻的反思、探究和剖析，这样才能避免在以后的教学中反复出现疏漏和失误。

除了做好记录，幼儿教师还需要在每次活动后，根据自己的教学体会和幼儿反馈的信息，通过分析与思考，发现问题，及时地寻找改进和调整的策略。根据活动中出现的问题，可以对教学内容和教学目标提出修改意见，也可以调整教学方法，采取更加有效的处理方法，明确问题，寻找策略，让教学反思达到一定的深度。

为了提高幼儿教师进行教学反思的实效性，幼儿教师之间应相互学习，分享经验，分享智慧，取长补短，共同提高，形成一个大家相互信任，工作学习的教师群体。还可以积极开展专门的教学反思教研活动，让经验丰富的幼儿教师介绍与分享自己反思有效指导实践的有益经验，提高年轻的幼儿教师运用教学反思指导实践的能力。

总之，教学反思是幼儿教师的一种自我评价、自我反思、自我总结的精神，是一种发自内心的思考、总结的意识，决不能肤浅地对待。

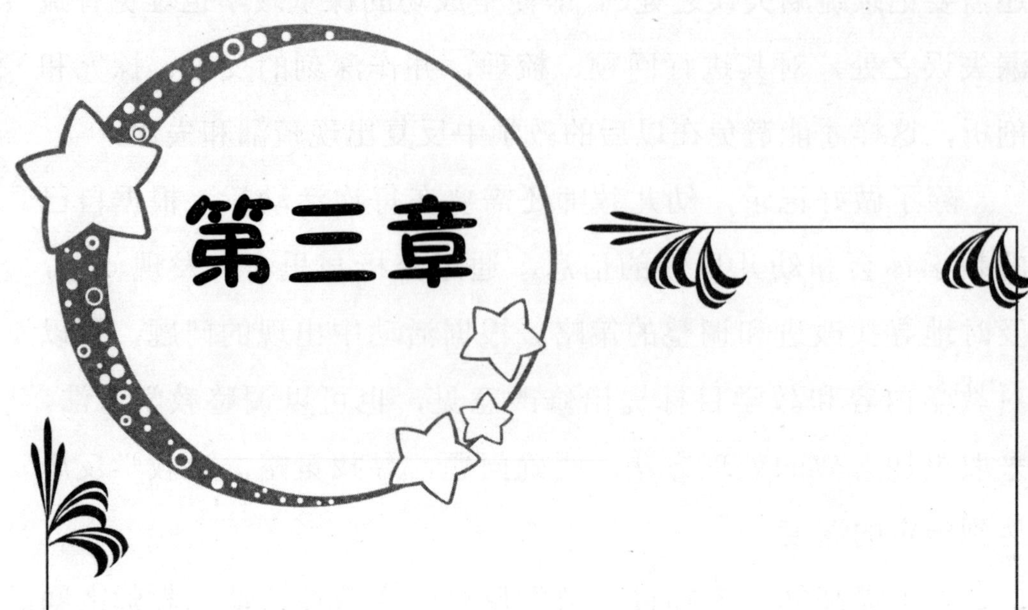

第三章

创设有利于幼儿成长的教育环境

技能十五

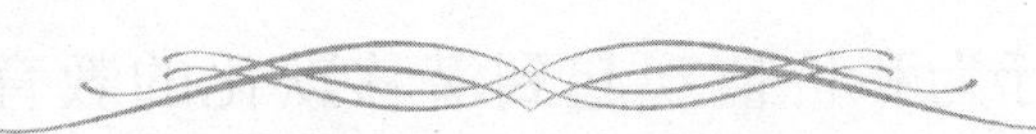

创设良好的幼儿园环境

《幼儿园教育指导纲要（试行）》中指出：“环境是重要的教育资源，应通过环境的创设和利用，有效地促进幼儿的发展，幼儿园要创设与教育相适应的良好环境，为幼儿提供活动和表现能力的机会，促进每个幼儿健康的成长。”幼儿是否能够健康成长与发展，需要依靠环境的特殊作用，如果幼儿生活在优越、舒适、自由的环境中，那么他所看到的、听见的都会给他留下好的印象，他所表现出来的也多数是好的。相反，如果幼儿所看到的、听到的都给他坏的印象，那么他的反应也多数是负面的。

为幼儿创设良好的幼儿园环境，促进幼儿心身健康的发展，是幼儿园工作的重要组成部分。同时，幼儿园环境也是幼儿园课程的一部分，在创设幼儿园环境时，要考虑它的教育性、功能性、文化性、适宜性等。

幼儿园环境要突出教育性。《幼儿园工作规程》明确指出:"创设与教育相适应的良好环境，为幼儿提供活动表现的机会和条件。"明确强调了幼儿园环境创设与教育之间的关系，幼儿园环境创设要与教育目标保持一致，从幼儿的兴趣、需要出发，幼儿园环境的设置和材料的投放要有针对性，充分体现环境的教育价值。幼儿园环境的"无声"教育，会对孩子的知识、情感、信念、意志、行为和价值观起到潜移默化的教育作用。

幼儿园环境要具有功能性。幼儿园环境创设要最大限度地利用空间，把平面和立体布置结合起来，因地制宜，充分利用空间，划分合理的活动区域，为幼儿提供多功能的活动环境，激发幼儿的探究欲望。

幼儿园环境要体现文化性。在每个幼儿都接触、感受、触摸到的地方充分挖掘利用价值，不断地更新环境内容，让幼儿在潜移默化的影响下得到一种情感和知识的启迪，从而促进幼儿的全面发展。比如，结合每层楼幼儿年龄段特点，分别设计不同的内容，一楼海底世界、二楼梦幻森林、三楼美丽太空等。在幼儿经常走动的走廊两侧，绘上幼儿喜闻乐见的卡通形象及涵盖丰富知识的组图，让幼儿在进进出出的过程中接受丰富的信息。

幼儿园环境要具有适宜性。幼儿园环境创设应与幼儿身心发展的特点和发展需要相适宜。幼儿园的设计、布置、利用，都应从幼儿实际出发，让幼儿成为环境中的主人，各个角落充满着童真童趣，点点滴滴点缀都洋溢着幼儿愉快的心情。

技能十六

创设良好的教室环境

为了让幼儿各方面能力都得到提高，教师应根据不同年龄段的幼儿特点创设良好的教室环境。幼儿身处在良好的教室环境中，不但能够激发学习兴趣，还有培养学习动机和欲望，形成一种积极参与、主动探索的良好学习氛围。

幼儿天真活泼，他们早期性格与习惯的形成，是与教室环境有着密切联系的。如果幼儿所处的教室环境温馨、优雅、舒适，教室布置合理规范，墙面设计清新自然，充满童趣，幼儿就会不自觉地去关注，并为之吸引。幼儿关注有教育意义的图片，会规范自己的行为。

在教室环境创设的过程中，教师要收集幼儿的意见，将幼儿视为环境的主人，让每个幼儿大胆说出自己的想法，然后相互进行讨论，讨论过程中，增加师幼之间的互动。教师可以与

幼儿一起进行内容的确定、材料的搜集、图案设计与制作等，把这些环节当成师幼共同学习的过程，鼓励和支持幼儿开动脑筋，大胆创造，放手让幼儿自己去做。即使是幼儿做得不够完美，也尽量让孩子亲自做，体现出幼儿的参与性。

在确定教室墙饰主题时，应该是将幼儿的兴趣与教育目标和内容相结合，同时墙饰的布置还需要生动形象，富有美感，充满诱惑感。另外，教室墙饰要经常更换，保持新鲜感。它不仅仅是为了美化教室，还在于必须服从教育的需要，是完成教育目标的一种形式和手段，它能诱发、引导，甚至直接决定幼儿进行活动的结果。将教育的主题内容转化为形象具体、色彩鲜艳、生动有趣、赏心悦目的墙饰，即寓教于墙饰之中，让墙饰产生潜移默化的教育和熏陶作用。

教师可以根据节日的性质布置教室环境，给幼儿留下深刻的印象，使幼儿从中受到教育。比如，儿童节、春节、国庆节、端午节和元宵节等，除了以上节日外，还有重阳节、教师节、爱鸟周、爱牙日、粮食日、无烟日、交通日等，结合这些节日教师可以根据本班幼儿实际情况进行布置教室环境。

技能十七

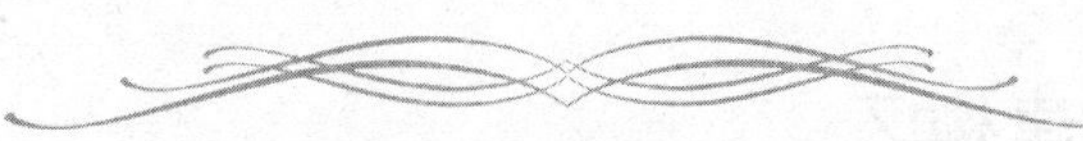

创设幼儿喜欢的活动区

《幼儿园教育指导纲要（试行）》要求给幼儿创设一个丰富多彩、多层次、具有选择性和自由度的环境，使孩子通过自己的方式在与环境主动积极地相互作用中获得发展。活动区作为幼儿园的一种教育载体，对幼儿的身心发展有着不可忽视的作用，它与集体活动相比，具有更大的自由性、灵活性、多样性和趣味性。通过开展活动区的教育活动，为幼儿提供一个丰富多样、多功能的自由活动环境，让幼儿勇于尝试和探索，促进幼儿的创造性和个性发展。

一、创设美术区

美术是幼儿最喜爱的一种艺术活动，对幼儿的全面发展起着重要的作用。美术区的环境创设是一个让幼儿释放心灵、表达情感的创作空间，在这里，幼儿既可画画，又可创作，既可游戏，又可装饰，体验创造的幸福，感受创造的乐趣等。在美术区内，教师可以划分成具有各种不同创造功能的活动角，比如装饰角、手工角、绘画角等，使美术区的活动功能具有多样化、广泛化的特点，给予幼儿多种选择的机会和条件，让幼儿热爱美术这种独特的艺术活动，通过活动操作、体验更多的快乐。

二、创设建构区

构建区能锻炼幼儿的语言、数学、社会、空间智能等各方面的能力。一个好的构建区能激发幼儿的兴趣，提高幼儿的搭建水平。在提供材料时，教师可以结合小班幼儿善于模仿的心理特点和小肌肉群不够发达的生理特点，为他们提供体积大，便于取放，类别相同的建构材料，比如大块积木、酸奶盒、易拉罐、纸盒等。大班幼儿动手能力强，思维敏捷，在提供建构材料时，则要注重多样性和精密性，注重培养幼儿的空间知觉，发展幼儿的空间想象力、动手操作及交流合作能力。

三、创设图书区

图书是促进幼儿自主阅读能力的重要资源，丰富的图书资料能满足不同年龄幼儿的需要，适合幼儿不同的兴趣，还能使幼儿阅读的积极性得到提高。为幼儿提供丰富的图书时，要满足简单、较简单、难三种层次，以保证不同水平的幼儿阅读的需要。另外，教师应每月更换一次图书，为幼儿提供丰富的图书，

适时调整书籍内容，保证每名幼儿的需要得到满足。

四、创设表演区

表演是深受幼儿喜爱的一种活动形式。在创设表演区时，教师在条件允许的情况下，可以提供足够的活动空间与场地。布置一个小舞台，这样会更加吸引幼儿的参与，激发幼儿的表演欲望。教师可以鼓励幼儿组建小乐队、时装表演队、舞蹈队和合唱队等，让幼儿在舞台上尽情地发挥才能，获得快乐体验。

技能十八

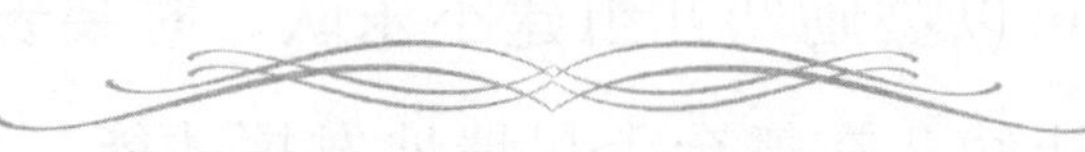

创建良好的精神环境

《幼儿园教育指导纲要（试行）》指出："教师的态度和管理方式，应有助于形成安全温馨的心理环境。"明确指出了针对幼儿园学习环境和良好的精神氛围创设方面的要求。为此，教师应将物质环境与精神环境创设放在同等重要的地位，这样才能创设有利于幼儿成长的教育环境。

幼儿与教师之间，幼儿与幼儿之间，教师与教师之间，教师与家长之间，所建立起的种种情感，表达情感的方式、语言、行为、习惯等形成的氛围，直接影响着幼儿的成长，对幼儿的成长具有重要作用。

幼儿与教师要建立平等、尊重、接受的关系。在教师与幼儿的交往中，教师应对幼儿表现出支持、尊重、接受的情感态度和行为，这是建立师生间积极关系的基础。在活动中，教师应把幼儿看成是一个独立的主体，一个有个性的人，尊重幼儿的人格，倾听幼儿的意见，在平等交流中努力创造一种友好、和谐、民主和平等的氛围，使幼儿可以自由地思考和表达。

幼儿与幼儿要建立互助、友爱、合作的关系。让幼儿学会正确地关心别人，帮助别人，与同伴建立合作关系，让全班有一种相互关心、友爱的气氛，是创设良好精神环境的一个重要内容。事实上，幼儿与幼儿之间的关心友爱，有时会比教师的照顾更能让幼儿接受。教师应引导幼儿发挥这种潜能，为幼儿创造积极交往的机会，从而建立一个充满友爱气氛的大家庭。

教师与教师要建立互助、理解、诚信的关系。教师间的交往涉及到班级、幼儿园是否具有良好的氛围。教师间如果相互关心、相互帮助，会给班、园带来一种温情的气氛，幼儿也会从中耳濡目染，不仅学会体察别人的情绪情感，也能学会正确、适宜的行为方式。教师应把幼儿园看成是一个团结和谐大家庭，自己与其他教师都是这个大家庭中的一员。在生活和工作中，要关心、团结同事，对待同事一视同仁，以更好的精神风貌和工作热情展现在大家的面前。

教师与家长要建立信任、尊重、平等的关系。幼儿园的各项教育也同样离不开家长的配合，倾注了老师对家长的期待、信任。因此教师要经常和家长交流，互相学习、取长补短，共同教育好幼儿。无数事实也证明了家园共教育比幼儿园单方实施教育的效果更快、更好、更巩固。

创建一个有利于成长的精神环境需要每个人的共同努力，包括：园长、教师、同事、家长、幼儿等诸多因素，各种因素之间不是独立，而是相互作用的，所以，教师要让每个因素之间相互促进，共同为幼儿创建一个和谐发展的精神环境而努力。

技能十九

营造有利于幼儿成长的家庭环境

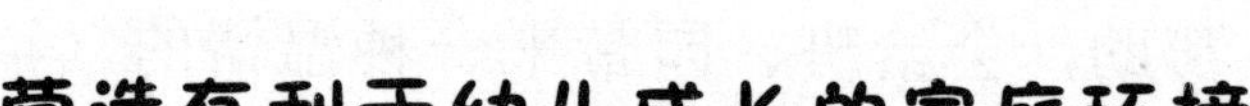

世界非政府组织“救助儿童会”发布了一份《全球最适合儿童成长国家排名》报告，排名第一的日本家庭对少儿成长营造的环境，引起了专家的关注。家庭环境对孩子的成长有着决定性的影响。孩子生活在什么样的家庭环境中，就会被造就成什么样的人。好的环境激发幼儿的潜能，不良的环境弱化幼儿的潜能。那么，应该怎样创设有利于幼儿成长的家庭环境呢？家长们不妨从下面方面做起。

一、提高自身素质，树立榜样

提高家长素质是创设良好家庭环境的关键。家庭教育是言传身教、潜移默化的。在一个有教养的家庭里，父母关系融洽，相互尊重，相互支持。那么，父母展现在孩子面前的这一切，都使他确信人间的美好，使他的心境平和，心胸坦荡。

二、营造民主、平等的家庭环境

幼儿是家庭中的一员，家长要做到互相关爱，分工劳动，遇事商量，共同享受生活的乐趣。不要遇事随意呵斥、打骂幼儿等，以民主的、平等的、朋友式的态度与幼儿相处，建立和谐民主的家庭关系，营造良好的家庭教育环境。

三、创造安静、舒适的学习环境

家庭不只是休息的场所，也是孩子学习的主要场所。所以，父母要给孩子创造一个安静舒适的学习环境。幼儿的学习环境布置要尊重幼儿的想法和意见，符合幼儿的年龄特点，有利于培养孩子热爱知识，追求知识的品质。

第四章

组织幼儿喜欢的户外活动

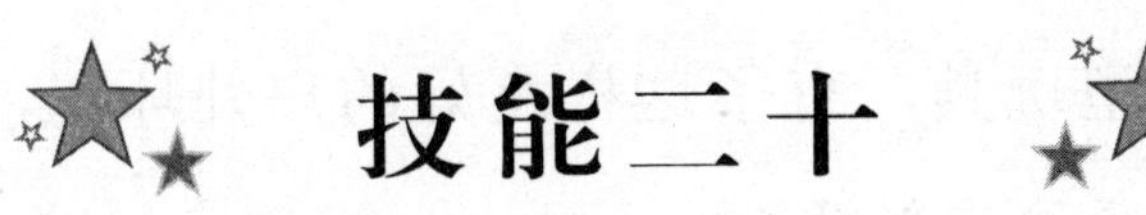

技能二十

开展丰富多彩的户外活动

近些年来，关于加强幼儿户外活动的呼声之所以越来越强烈，是因为户外活动对孩子的身心发展有着特别重要的作用，儿童的健康成长离不开户外活动。《幼儿园教育指导纲要（试行）》中明确指出："开展丰富多彩的户外游戏和体育活动，培养幼儿参加体育活动的兴趣和习惯，增强体质，提高对环境的适应能力。"可见，要想促进幼儿生长教育，增强幼儿体质，开展丰富多彩的户外活动是十分重要的。那么，教师应如何更加有效地开展户外活动呢？

一、创设良好的户外环境，激发幼儿参与户外活动兴趣

《幼儿园教育指导纲要（试行）》中指出："环境是重要的教

育资源，应通过环境的创设和利用，激发幼儿活动的兴趣，有效地促进幼儿的发展。”设想一下，幼儿在一个舒适、安全又充满童趣的户外环境中，他们能不愿意参加户外活动吗？将幼儿园的户外环境创设成环境优美、布局合理、内容丰富、色彩协调的乐园，还有可以供幼儿跑、跳、钻、爬、攀的大型运动器械和多功能大型玩具，有了这样良好的户外环境，必定能激发幼儿参与户外活动的兴趣。

二、提供各种安全的活动器材，增加幼儿活动兴趣

新颖、独特的活动器材是促使幼儿积极、主动地投入活动的重要因素。除了提供幼儿园购置的一些体育器械外，教师也可以动手设计一些运动器材，比如用废旧的轮胎做成秋千，用塑料瓶子做成保龄球，用旧手套做成球拍等，经常创意出一些活动器材，可以促进幼儿参与的兴趣，还可以开展富有创意和趣味性的游戏活动。

三、列出活动清单，关注幼儿的需求

将幼儿喜欢的户外活动列成清单，并经常更新，每天为幼儿提供不同的户外活动，这样可以大大激发幼儿参加户外活动的内在主动性，有助于培养其终身对户外活动的热爱。如果幼儿每天参加同样的户外活动，会导致幼儿产生厌倦感。比如，大班幼儿动作发展特点是协调性、灵活性、准确性有很大提高，大班幼儿喜欢尝试一些有难度、冒险的动作，协同活动逐渐增多，

为此可以考虑以下户外活动项目：骑三轮车、捉尾巴、三人两足、障碍跨越等。另外，为了满足这个阶段的幼儿喜欢结伴游戏的需要，教师可以选择踢足球比赛，或者集体运动会等户外活动。

四、开展丰富的户外活动，发展幼儿的能力

幼儿园户外活动是指在教室外组织的幼儿活动和园外安排的活动，户外活动都是需要在室外进行的，而园内的户外活动与体育活动的形式大致相同，且目的与任务也相同，都是促进幼儿生长教育，增强幼儿体质。当幼儿选择户外活动时，要给幼儿自由选择的权利，比如有的喜欢“跳图形”，有的喜欢“跳数字”，有的喜欢“踢毽子”等，教师在提供运动器材的数量上要适当地多一些，以增强幼儿活动的兴趣。不管是选择哪种户外活动，都要充分考虑幼儿的年龄特点，选择和设计既适合幼儿动作发展水平又是幼儿感兴趣的活动。

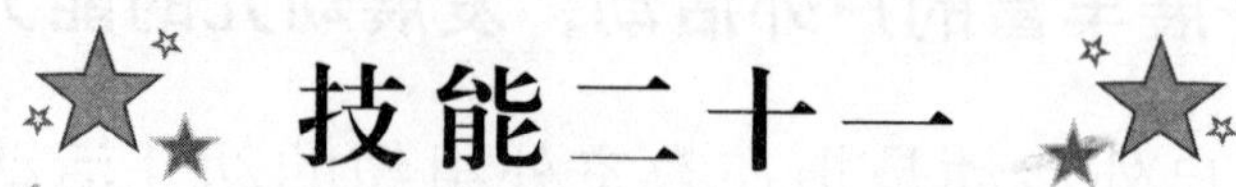

技能二十一

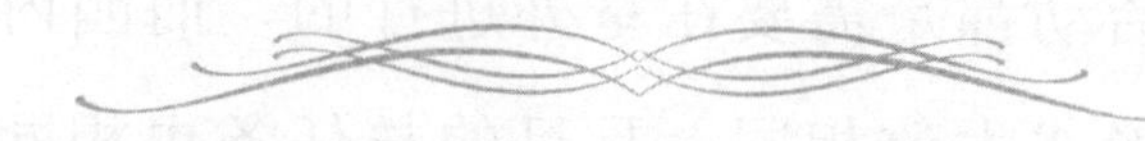

制订严格的活动规则，避免意外发生

幼儿园展开的户外活动是遵循幼儿的生长发育规律和身体活动规律，以幼儿为活动主体，利用有效的环境和设施，帮助幼儿促进身体发育和机能协调发展。户外活动具有开放性、自主性和丰富性等特点，存在着潜在的危险因素和安全隐患。幼儿园在开始户外活动工作中，必须把保护幼儿的生命放在首位。幼儿园的大部分意外伤害事故都是由户外活动引起的。作为幼儿园教师，如何在户外活动中减少和避免幼儿意外事故的发生呢？

教师应在运动器材的附近贴上一些安全标记，提醒幼儿活动时注意安全。尤其在滑梯和秋千区域，教师要特别制订一些活动规则，避免意外的发生，比如：玩滑梯时，要依次上台阶，屁股要坐在滑梯上双脚朝下，不要从滑梯口倒着爬上去；荡秋千时，只有坐稳了才能荡，停稳了才能下来，其他幼儿要站在远处，避免被撞到等。另外，在幼儿玩大型玩具时，要规定幼儿上下楼梯要按照秩序，不能拉扯同伴的衣服等。

当户外活动区同时有几个班同时进行活动，各班的教师要分别选择其中一个活动区域指导幼儿开展活动，根据活动的内容、器材数量和活动要求，限定参加本区域活动的幼儿人数，每个区域至少有一名教师，这样可以保证幼儿安全地参加活动。负责本活动区域的教师要向幼儿提醒活动规则，比如，这个区域人数已满，请另选其他活动区域；本区域的活动器材，不要拿到其他活动区域等。

由于幼儿生活经验不足，对不安全因素缺乏认知，自我保护能力差，所以教师在户外活动的预设过程中，要提前考虑到幼儿的安全问题，细化各个环节，事先制定严格的活动规则，从户外活动的准备、活动的过程、活动的结束整理，都要保证幼儿的安全，避免意外发生。

技能二十二

挖掘户外活动器械的多种玩法

户外活动是幼儿园活动的基本内容，积极地开展户外体育活动，能给幼儿带来欢乐的情绪，有助于提高幼儿运动能力，有效地促进幼儿身体的发展。为了充分激发幼儿参与户外活动的兴趣，大多数幼儿园都购置一些必备的体育器材，比如绳子、球、呼啦圈、橡皮筋等。为了避免同样的活动让幼儿产生厌倦感，教师可以灵活运用这些传统器材，挖掘它们的多种玩法，也可以鼓励幼儿出谋划策，发挥聪明才智，积极创新，主动探索，培养其创新的信心和能力。

教师要以发展幼儿主动性为首要任务，启发和鼓励幼儿自己去发现和创造各种玩法。这样既可以引发幼儿参与户外活动的积极性，又发展了幼儿的体能。如果只是让幼儿被动地模仿，那么必定会抹杀幼儿的积极创造的兴趣。比如在活动中，教师可以鼓励幼儿说说沙包的各种玩法，当幼儿想出了各种玩法时，教师可以让幼儿加以演示，激励幼儿探索出更多与众不同的玩法。作为教师，最重要的是支持、鼓励幼儿的大胆创造，增强幼儿的自信心，提高幼儿对活动的兴趣，并能始终保持积极的探索欲望进行创新。

户外活动器械的不同玩法发展了幼儿不同的动作和能力。幼儿在活动中玩法越玩越多，兴趣越玩越高，思路越玩越广，自信心越玩越强，身心也就越玩越健康了。鼓励幼儿挖掘户外活动器械的多种玩法，激发和培养了幼儿的体育兴趣，提高了幼儿参与体育活动的积极性和主动性，为孩子的创新意识与创新能力的发展奠定了坚实的基础。

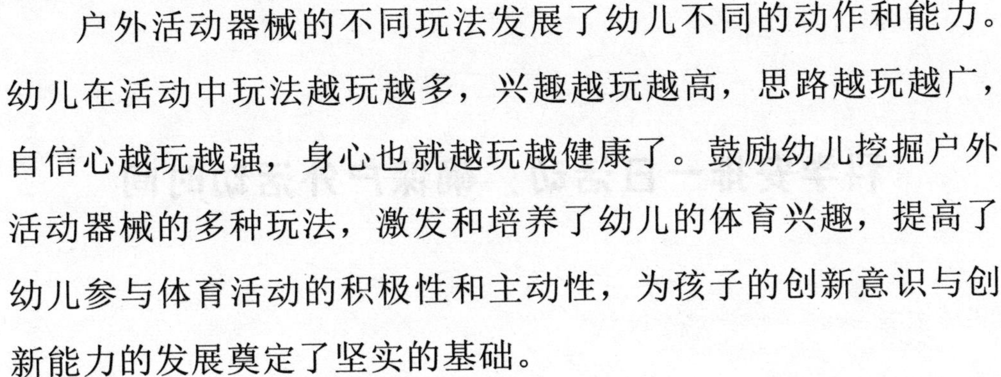

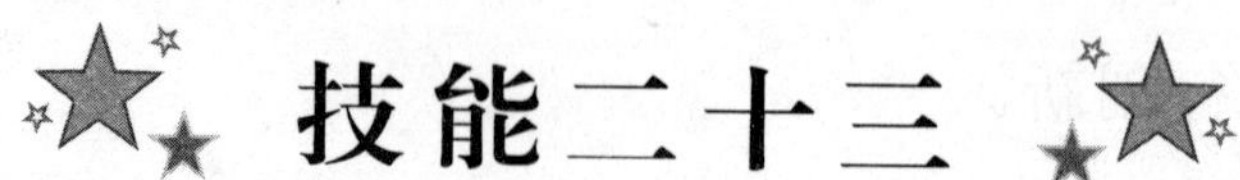

技能二十三

科学安排一日活动，确保户外活动时间

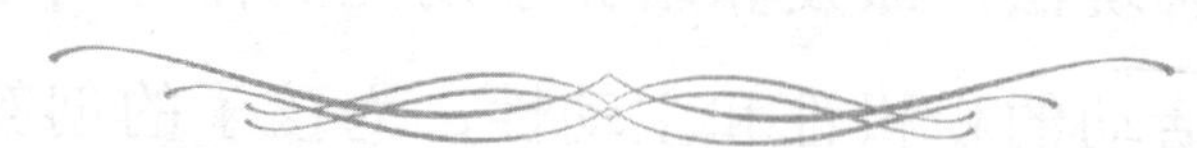

幼儿园一日活动中各个环节的合理组织和实施对于促进幼儿身体健康成长有重要的意义。《幼儿园教育指导纲要（试行）》中明确指出：每天确保有不少于2小时户外活动时间（其中1小时的户外体育锻炼时间）。幼儿需要充足的活动时间，为此应根据大中小不同幼儿成长中生理、兴趣、能力发展的情况，合理安排幼儿每日户外活动时间。

幼儿在幼儿园里一天的活动都需要教师事先科学地安排好。在幼儿的一日生活中，要保证幼儿足够的户外活动时间，为此可以将户外活动贯穿在晨间锻炼、户外体育活动、体育教学等活动来实现户外活动目标。

一、晨间锻炼

在晨间活动中，由于幼儿刚刚来到幼儿园，大多数的幼儿刚吃过早餐不久，所以晨间锻炼时间不宜过长，而且运动量不宜过大，尤其不要安排太剧烈的运动。可以以小型的运动器材为主，将律动、游戏、器械融为一体，极大地调动幼儿做早操的兴趣和积极性。也可以满足幼儿的兴趣和需要，让幼儿选择自己的运动器材进行活动。

二、户外体育活动

对全日制幼儿园而言，要保证每天上午和下午各有半个小时的户外运动或者体育活动时间。在户外活动中，除了有意识地安排一些丰富多样的体育锻炼活动外，还要注重为幼儿提供更多的“自由”，引导幼儿自己去思考，去摸索，去尝试，培养幼儿独立思考能力。在这两个户外活动时间段内，各类锻炼游戏灵活组织、交替安排，既有教师组织的目标性较强的体育游戏，也有幼儿自主性较强的器械运动，这样能较好地达到幼儿体育活动的目标。

三、其他户外活动

除了上面两个户外活动外，教师也可以安排其他一些户外形式，比如种植、玩沙等，把这些其他的户外活动贯穿在每日活动中，使得幼儿园的户外活动更加丰富多彩。

技能二十四

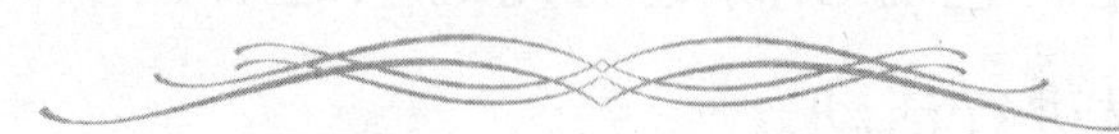

优化户外活动形式，促进幼儿多元发展

户外活动能否有效地开展与实施，主要取决于幼儿是否感兴趣，是否愿意参与。因此，要保证幼儿能够积极、主动地参加户外活动，在整个活动中始终保持浓厚的兴趣，教师应从优化户外活动形式入手，最大程度地促进幼儿多元发展。

选择适宜的户外活动形式

户外活动一般以体育活动为主，因此在选择、设计体育活动时，要从幼儿的年龄特点出发，开展适合幼儿的户外活动，且受到幼儿喜欢的户外活动。针对小班幼儿，应考虑到幼儿的喜好，积极创设快乐的情境，让幼儿主动游戏，可以开展一些取材方便、小型分散、深受幼儿喜爱又无固定模式的活动。针对中大班幼儿，应注重发掘幼儿的创造力，培养幼儿良好的个

性和养成自觉参加户外体育活动的好习惯，可以开展一些传统、有特色的民间体育游戏，提升幼儿的能力，增强体质。

展开形式丰富的户外活动

户外活动与其他教育活动一样，是以多种形式并存的、共同发挥作用的教育过程。为了锻炼幼儿的体能，加强幼儿的社会生活能力，针对各年龄班的特点，可以各有侧重地组织相关户外活动。例如：针对小班幼儿，开展以“争做绿化小卫士”为主题的植树节活动，不仅激发了幼儿参与游戏的兴趣，而且有目的、有计划地发展了幼儿的基本动作，增强了幼儿的体能。针对中大班幼儿，开展以“我运动、我健康、我快乐”为主题的运动会，这是对幼儿进行体能训练的最好方法。多在户外进行体能训练，不但可以增强幼儿对气温变化的适应能力，同时还可以让幼儿接触充足的阳光和新鲜空气，从而增强幼儿身体的抵抗力。

第五章

调动幼儿的积极情绪

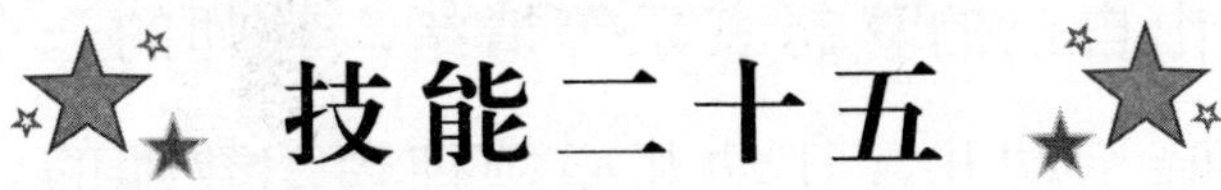

技能二十五

培养幼儿积极情绪

积极情绪是可以相互感染、影响的，尤其是幼儿，他们期望得到教师和家长的鼓励，关爱和爱，因此要有目的地培养幼儿的积极情绪，就需要细心了解幼儿的需求，并给以恰当的满足，让幼儿感受到无限的快乐和满足。

一、及时用鼓励和赞扬的语言

心理学家哈洛克曾用实验证明：“对学生来说，由于受到表扬而引起喜悦、快乐、得意等积极情绪，可促进其智力发展。”幼儿因情绪变化而影响其求知欲、智力的情况更是时有发生。比如，老师对孩子的行为及时地表现出高兴、鼓励和赞赏的态度时，90% 的孩子对其他活动也能兴致勃勃，积极地参与，而且整天都处于积极的情绪状态之中，表现为愿与老师合作，喜

欢与老师交流，学习上充满热情。

二、巧用肢体语言

肢体语言是教师必不可少的一项技能，通过身体各个部位的动作表达出自己的喜怒哀乐等情绪，教师的一个手势，一个眼神就可以暗示幼儿，让幼儿心领神会；教师的一个拥抱，一个鼓励的动作就会让幼儿心理感到满足，情绪也会变得积极，让积极的情绪伴随他们的学习，能使学习显得更轻松，更有趣。

三、和蔼的态度感染幼儿

幼儿的情感是丰富的、外向的，同时又是不稳定的，极易受到周围环境的感染。在对幼儿进行教育教学过程中，以及游戏和日常生活中，教师的态度对幼儿的情绪、情感的感染力是最大的。幼儿对教师不同的态度也会相应产生的不同情绪和情感的反应，比如，当幼儿犯错误时，如果教师用和蔼可亲的态度对幼儿亲切、诚恳的批评，幼儿大多数都能愉快接受，迅速改正错误，并且有持久性。相反，如果教师用严厉的态度对幼儿大声训斥和责备，幼儿大多数表现为紧张恐惧，或伤感漠然等，改正错误也较被动，活动时注意力涣散，没有积极性。因此，教师如果能用和蔼可亲的态度对待幼儿，那么他们就能轻松愉快地学习，学习效果自然也会好很多。

技能二十六

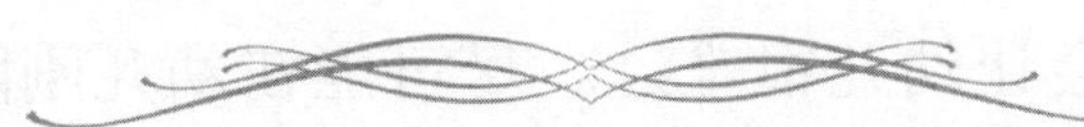

帮助幼儿消除和克服不良情绪

积极的情绪情感对幼儿的身心健康、能力培养、个性发展等都具有非常重要的作用，因此教师就应该格外重视帮助幼儿消除和克服不良情绪。首先要了解积极情感包括喜悦、愉快等情绪，而焦虑、漠然、胆怯、难过等情绪被称为消极情绪情感。

帮助幼儿消除和克服不良情绪，防止儿童产生消极情绪，就要了解幼儿产生消极情绪的原因。

1. 身体不舒服引起的不良情绪，主要包括幼儿身体不适，引起的情绪不高，心情不好，状态不佳。

2. 对陌生环境产生的恐惧、焦躁、紧张。刚入园的幼儿容易产生这种不良情绪，他们刚离开家长，短时间内还不能适应一个新的生活环境，这表现出焦虑，哭闹，甚至排斥幼儿园。

3. 等待的时间久了，产生烦躁、焦虑的不良兴趣。当幼儿最喜欢的活动久久不来，会失去耐心等待，从而变得焦虑、烦躁，甚至会拒绝遵守规则，出现一些捣蛋或者没有礼貌的行为。

4. 幼儿提出的需要没有得到满足时，容易生气，发怒，甚至难过。对于幼儿提出的不合理需求，虽然教师不能满足，但是要注意观察幼儿的情绪反应，及时加以抚慰，帮助他们消除不良情绪。

5. 饥饿也会让幼儿很难过。尽可能在幼儿刚刚感到饥饿的时候，让他们进餐。

6. 突如其来的刺激会让幼儿产生恐惧、胆怯的不良情绪。特别是在发生意外时，比如，巨响、地震、火灾等意外情况时，教师要立刻作出反应，保护好幼儿，缓解幼儿的不良情绪，避免幼儿出现意外。

了解了幼儿产生不良情绪的原因后，教师在工作中，如果发现幼儿有不良情绪时该怎么办？

1. 观察分析，或者询问，交谈，了解幼儿产生不良情绪的原因，然后再有针对性地一一加以解决。

2. 转移幼儿的注意力。幼儿的情绪变化无常，常常在不经意的时候出现，这时教师可以采用转移注意力的办法，改变幼儿的态度，让幼儿重新愉悦起来。

3. 让幼儿宣泄不良的情绪。在刚入园时，大多数幼儿都会哭闹不停，这是一个正常现象。在这种情况下，教师可以适度地让幼儿宣泄自己的情绪，这对他们的生理和心理都是有好处的。

总之，遇到幼儿出现任何不良情绪时，教师都不能袖手旁观，而要认真地观察，分析幼儿产生这些不良情绪的原因，进而采取不同的解决方法，让幼儿逐步形成积极的情绪态度。

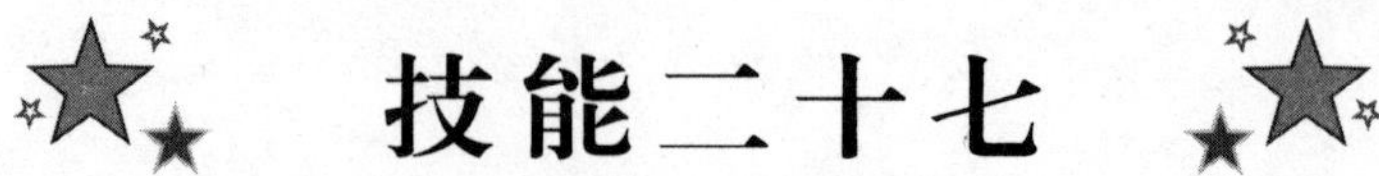

技能二十七

教师要以积极的情绪影响幼儿的情绪

幼儿年龄小、情绪不稳定，且模仿性、受暗示性强。教师的一言一行，一举一动，对幼儿都有影响。因此，教师应以自身积极的情绪感染幼儿，使其形成和保持积极的情绪。

幼儿除了在家，其余大多数时间都在幼儿园，而在幼儿园幼儿一直都是和教师在一起，因此教师的言行举止和情绪状态时时刻刻都在影响着幼儿，由此可以看出教师的积极情绪对幼儿的影响很大。在现实工作中，很多教师发现，当自己的情绪不佳、做事情没有积极愉快情绪时，不但不能让自己全身心地投入工作中，连自己所带的幼儿也会出现做事情积极性不高，精神分散，教学效果不好的状况。反之，如果教师能够及时调整积极情绪，热情饱满地投入工作中，那么幼儿也会随之表现出积极的情绪，主动参与活动，尤其在师幼互动的游戏中幼儿积极的情绪表现得尤为突出。

教师要保持积极的情绪。在幼儿园里，教师每天都要处理各种繁琐的事情，面对不同性格的幼儿，难免产生厌倦、烦躁的情绪，遇事不免会引起心情波动。比如，在课堂上，突然发现一个调皮捣蛋的幼儿正在做鬼脸，说笑话，影响课堂纪律，这时如果教师情绪失控，大声呵斥，虽然制止了这个幼儿的行为，但是课堂的氛围马上会紧张起来，其他幼儿也会产生害怕、焦虑的情绪，轻松、生动、愉悦的课堂气氛荡然无存。教师要调整好自己的情绪，排除各方面因素的干扰，始终以积极的情绪去感染幼儿。

教师要保持情绪愉悦。要想让幼儿保持积极的情绪，首先要随时调整自己的情绪，不让不良的情绪带到工作中，展现在幼儿面前的永远是微笑、爱心，以及自己愉快的心情，带动幼儿，感染幼儿。即便在生活中遇到了不顺心的事情，当与幼儿一起游戏活动或者教学时，也不能让自己的不良情绪显现出来。教师要认识到，如果自己积极向上，幼儿也会跟着积极主动，自己缺乏热情，幼儿也会淡漠……因此，教师要始终以积极的、愉快的情绪和幼儿一起游戏、活动。

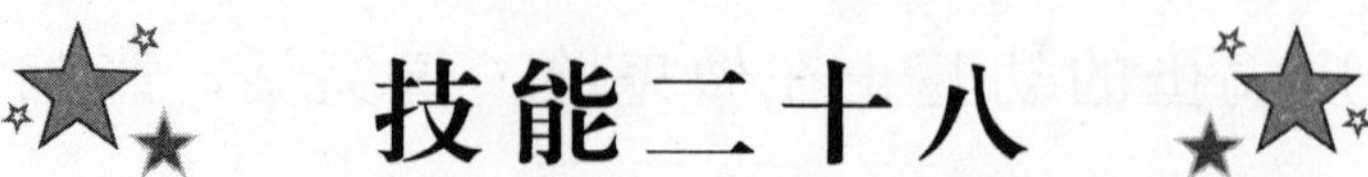

技能二十八

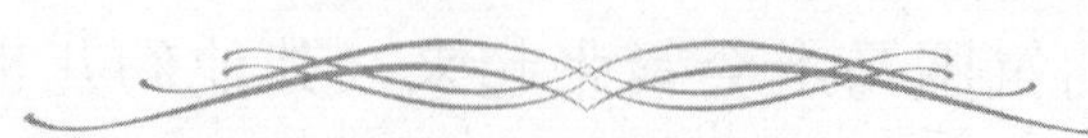

通过多种途径，促进幼儿积极情绪的发展

美国著名的成功学大师拿破伦·希尔把人的积极心态称之为PMA黄金定律，他说:“成功人士的首要标志，在于他的心态。一个人如果心态积极，乐观地面对人生，乐观地接受挑战和应付麻烦事，那他就成功了一半。”积极的心态与人的先天素质有关，但主要还是后天培养出来的。因此，教师要通过多种途径，培养幼儿乐观开朗的性格，始终保持良好的情绪， 以积极的心态对待困难和挫折。

通过开展游戏活动。教师要在日常生活中，细心观察幼儿的动作与表情，特别是到了游戏的时间，要及时发现情绪不稳定的幼儿，帮助幼儿分析产生不良情绪的原因，并引导幼儿想出克服不良的情绪的解决方法。幼儿在幼儿园生活学习中，始终保持一种积极的情绪，比如快乐、愉快等，能使幼儿消除不良情绪。

通过开展主题活动。现在多数幼儿都是独生子女，性格上比较任性、自私，不愿意与他人分享快乐，在交往和学习中容易产生不良的情绪。为了促进幼儿积极情绪的发展，形成乐观、友爱、宽容等性格，教师可以开展“我能做到”“赶走烦恼”“分享快乐”等主题活动。在活动中，通过生活中常见的情境体验，帮助幼儿学会与同伴友好交往，保持积极愉快情绪的体验。

通过开展游戏活动和主题活动，促进幼儿积极情绪发展的同时，教师在日常生活中还要注意幼儿的一言一行，及时发现幼儿的情绪变化，给予幼儿引导与帮助，始终让幼儿处于一种乐观、美满、愉悦的状态，使人格达到一种积极、健康、和谐的境界。

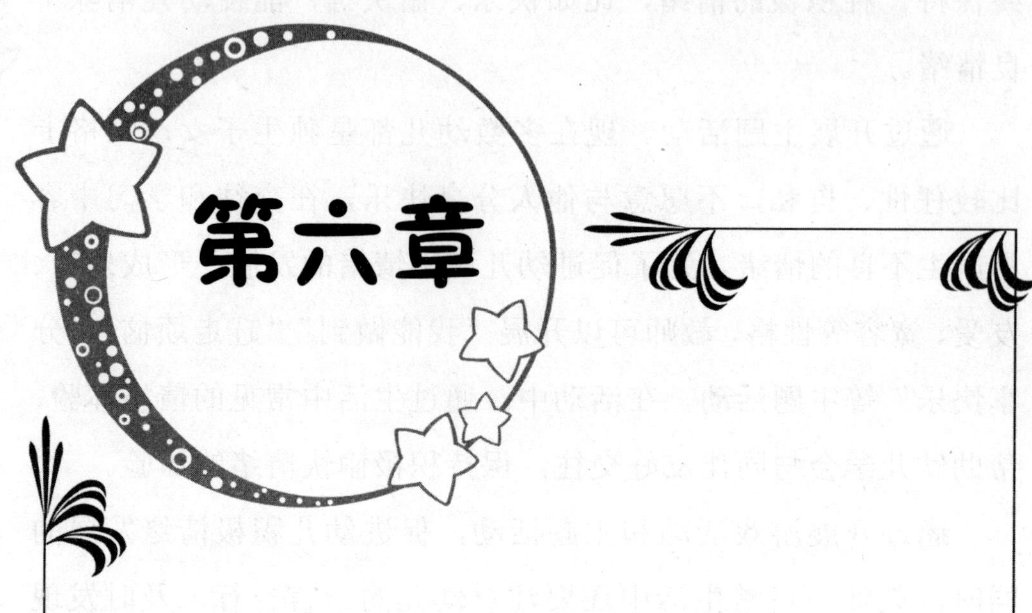

第六章

促进幼儿个性发展

技能二十九

正确理解幼儿行为

因材施教，观察先行。教师应通过有目的、有步骤、有计划的观察，获得真实的信息，理解和评价幼儿的行为，制定、调整并实施教学计划，以求促进幼儿个性发展。

一、通过细心的观察，正确理解幼儿行为

在实际生活中，无论什么样的观察活动都可以让教师获取大量的信息，但教师的观察角度不同，获得的信息也就必然不同。因此，在分析和理解幼儿行为上，教师应根据观察目的，选取合适的观察角度，以获取有价值的信息。比如，当幼儿之间发生矛盾时，教师应观察幼儿情绪变化的过程，针对幼儿的不同表现，了解幼儿之间，幼儿与事件之间的各种关系，恰当地解释幼儿的行为，正确地理解幼儿，更好地促进幼儿全面和谐的

发展。

二、通过客观的分析，正确理解幼儿行为

在实际工作中，教师对观察结果的客观分析，是开展教育活动和因材施教的重要依据，要求分析要做到客观、有效。如果出现分析与观察内容不吻合时，教师不要以点带面，看到个别现象就评价整个集体。这样的分析的不客观，不是有效真实的。

三、通过公正的评价，正确理解幼儿行为

教师对幼儿的行为作出的肯定或否定评价，对幼儿的行为习惯和品德的形成具有很重要的作用。有时，幼儿一天的表现非常努力积极，只是由于一次的淘气受到了教师的批评。而且教师并没有将目光放在幼儿的进步上，对幼儿一天的行为没有作出公正的评价，没有表明一种肯定的态度，从而抹杀了幼儿努力的积极性。在评价幼儿行为时，教师的主观、不公正的评价，往往会使幼儿产生消极的情绪，丧失自信心。相反，客观、公正的评价，会使幼儿感受到教师的关怀，从而树立自信心，拥有前进的动力。

技能三十

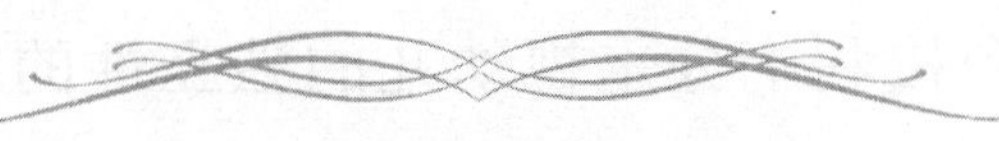

尊重幼儿独立欲望

3 岁左右的幼儿具有强烈的自己的事情自己做的要求，常常强调独立的活动和独立做事的意愿，这是幼儿主动性、独立性的尝试。这个时期的幼儿完全能够做到自己独立穿衣服、脱衣服，自己使用餐具，独立进餐、叠被子、洗脸洗手，自己大小便。教师应从以下几方面着手，注重培养幼儿的独立性，尊重幼儿独立欲望。

在日常生活中，尊重幼儿的独立欲望，不包办，不代办，给予幼儿自己做事的机会，满足幼儿自己做事的愿望，培养幼儿独立的意识。现在的幼儿生活自理能力普遍很差，如果幼儿提出自己吃饭、穿脱衣服、整理物品、独立睡觉时，虽然可能做得不尽如人意，但是教师仍要放手让幼儿自己去做，并给予充分的肯定，鼓励他们克服困难，坚持自己去独立做事。

在教育活动中尊重幼儿独立欲望。幼儿的潜力是无限的，

因此在教育活动中教师不能限制幼儿的发展，束缚幼儿独立的欲望。比如，在选择活动区域时，教师放手让幼儿自己去选择活动区、活动内容、活动方式，让幼儿充分感受到自己有选择权、自由权。当幼儿之间发生矛盾时，教师要以局外人的身份，给予幼儿独立解决问题的机会，让幼儿学会独立解决问题。

教育家蒙台梭利十分重视幼儿的独立性的培养，她说："教育者先要引导孩子沿着独立的道路前进。"这就要求教师尊重幼儿的自主性、独立性，放手让他们在日常生活和教育活动中全面发展。

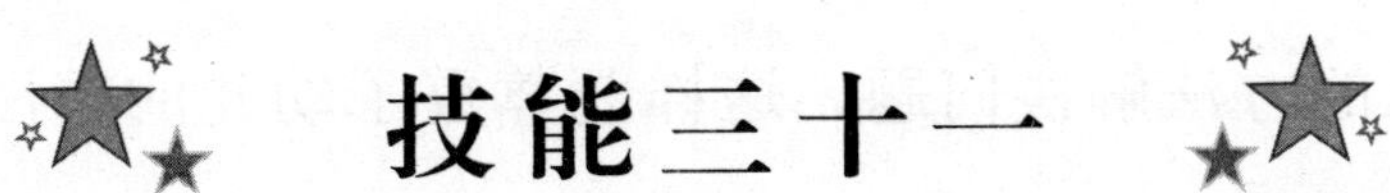

技能三十一

抓住每个幼儿个性特点

每个幼儿都是一个独特的个体，他们身上的特点和性格各不相同，认识世界的方式也不同。教师应关注每个幼儿的差别，尊重每个幼儿的个性特点，从而因材施教，促进每个幼儿的个性发展。教师只有真正了解每个幼儿的个性特点和潜力，才能针对每个幼儿做到个性化培养和教育，使每个幼儿获得个性充分自由发展的最大可能性。

幼儿教师如何做才能抓住每个幼儿的个性特点呢？首先在于了解差异，关注差异，尊重幼儿发展的个性特点。幼儿由于受到遗传因素、家庭环境、父母教育的影响，个体间存在着很多差异，这就要求教师通过平时的观察，了解幼儿，关注差异，不要强加限制这种差异，尊重幼儿在发展水平、能力、经验、学习方式等方面的个性特点。尤其对于幼儿的新奇想法，要加以保护，让幼儿在鼓励和表扬下大胆地探索，促进幼儿的发展。

在抓住每个幼儿的个性特点的同时，还要给每个幼儿发展的空间。在学习活动中，鼓励幼儿按照自己的思路思考问题，按照自己的方法解决问题，这样既尊重了幼儿的想法，又促进了幼儿独立思考。比如在美术活动中，当教师示范和讲解后，一定要避免幼儿照着画，这样会限制幼儿的想象力，久而久之，也会渐渐抹杀幼儿自身的个性特点。要把传统的模仿、照搬教学模式，调整为让幼儿学会欣赏作品，按照自己心中的“美”自由创作。不管幼儿画得什么样，教师都要接纳他们的个体差异，不能与同伴做横向比较。

就像世界上没有完全相同的两片叶子，世界上同样没有完全相同的两个人。幼儿教师要平等地看待每个幼儿身上独特的个性，尊重幼儿的个体差异，抓住每个幼儿的个体特征，促进每个幼儿的个性化发展。

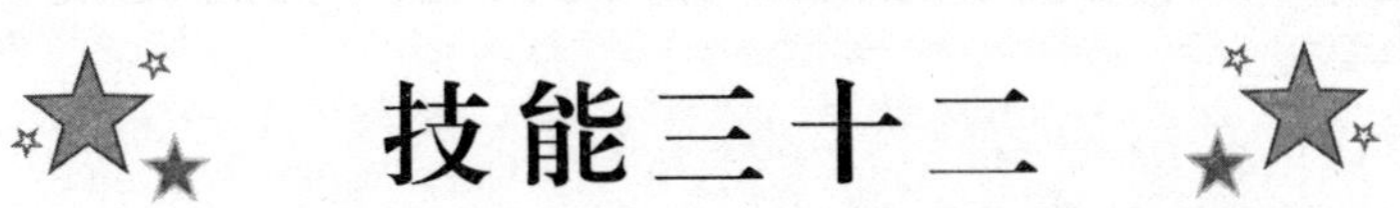

技能三十二

促使幼儿良好个性的形成

现代心理学表明，幼儿期是人生个性开始形成期，是形成良好个性品质的重要时期，也是可塑性最强的时期。所以，教师必须及时地、有针对性地进行教育，塑造幼儿良好个性。

建立良好和谐的师幼关系，是促使幼儿形成良好个性的前提。幼儿虽然年龄小，心智不成熟，但是他们也有独立的个性，自我的想法，他们也有情感需要，期待和愿望，因此教师要把“尊重”“平等”融入促使幼儿形成良好个性的工作中。教师在与幼儿的交往中，要始终保持平等的关系，即便是与幼儿之间发生“分歧”“矛盾”时，教师也要认真倾听幼儿的想法，引导幼儿建立是非观念，学会接受意见，从而形成良好的个性。

幼儿从踏进幼儿园的第一步开始，就意味着离开家庭来到了一个陌生的环境，有的幼儿会因为离开家长而哭闹，有的幼儿因为第一次来到幼儿园而害怕，还有的幼儿是因为没有做好

上幼儿园的心理准备出现无所适从。这时，教师要抓住时机为幼儿创设良好的生活环境，丰富多彩、形式多样的学习活动和游戏活动，让幼儿自我发展、自我表现，从而促使幼儿形成良好个性。

游戏活动也能促使幼儿良好个性的形成。幼儿都喜欢游戏活动。要为幼儿营造一个宽松、和谐、安全的游戏环境，使幼儿尽情地进行自我表现，情绪释放。在令人愉悦的游戏中，教师如果给予幼儿大力支持、合作和引导，将有助于幼儿形成与人交往、互助、合作和分享的个性品质。

第七章

促进幼儿语言思维

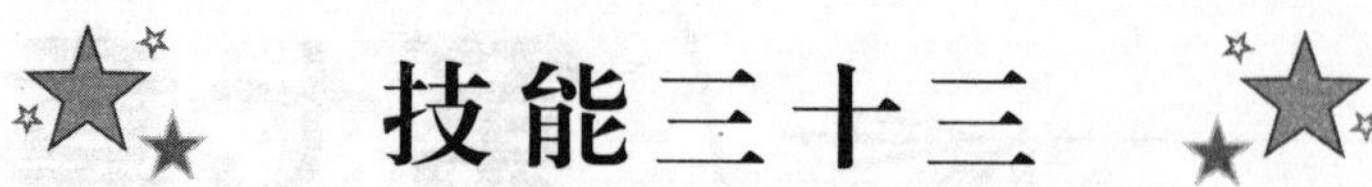

技能三十三

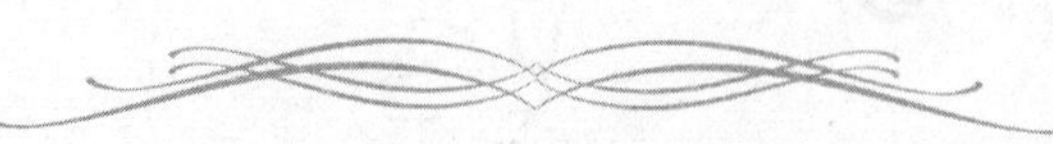

鼓励幼儿大胆地表达

《幼儿园教育指导纲要（试行）》中明确指出："鼓励幼儿大胆、清楚地表述自己的想法和感受，尝试说明、描述简单的事物或过程，发展语言表达能力和思维能力。"幼儿能够大胆地表达想法，说出心里的话，不仅有利于发展语言能力，更有利于心理健康。

为幼儿提供适合的环境，激发幼儿语言表达的欲望。在语言领域活动中，教师要为幼儿提供良好的语言环境，选择符合幼儿年龄特点的图书。教师在与幼儿一起分享故事的情景时，鼓励幼儿发挥想象力，大胆地想象情节的变化，结局怎样，这都是激发幼儿语言表达欲望的好办法。

此外，教师和幼儿一起参加游戏活动也是激发幼儿语言表达欲望的大好时机。在游戏过程中，把主动权交给幼儿，让幼儿设计游戏环节，制定游戏规则，激发幼儿语言表达的欲望。

为幼儿创造更多的机会，鼓励幼儿大胆地表达。在平时的活动中，教师要创造更多的机会让幼儿大胆地表达，比如在语言活动中，鼓励幼儿根据不同的故事提出一定挑战性的问题。在艺术活动中，鼓励幼儿表达自己的创意想法。在科学活动中，鼓励幼儿表达自己的探索体验和经历，与其他人一起分享成功的经验等。

为幼儿创造交流的环境，说出心中的想法。幼儿将想的说出来是一个过程，需要教师的鼓励和肯定。在活动中，教师不能只是鼓励幼儿大胆地想象，还要鼓励幼儿大胆地表达自己的想法。让幼儿大胆地说出自己的想法，是发展幼儿语言表达能力和思维能力最直接的途径。对幼儿来说，世界是新鲜的，是奇特的，他们几乎天天都能接触到新的事物，新的感受，总能在不经意时产生各种疑问和好奇。

好奇心是每个孩子与生俱来的特点，幼儿的这种好奇心是难能可贵的。教师应该要为幼儿创造一个可以充分交流的氛围，鼓励幼儿在与同伴、老师、家长的交流中学习，在相互的交流中获得新知识、新发现，从而培养幼儿的探索精神和求知欲望。

技能三十四

为幼儿创设良好的语言环境

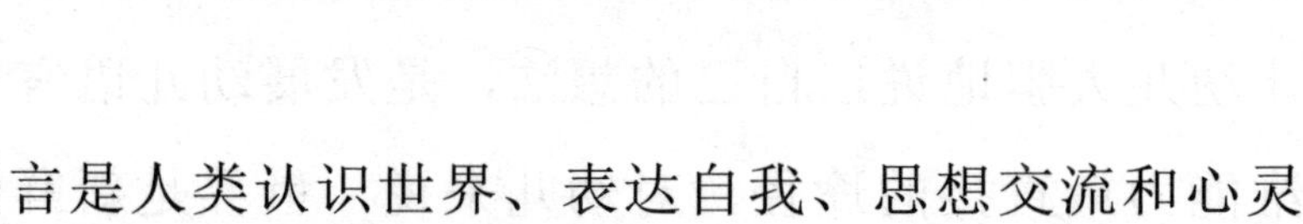

语言是人类认识世界、表达自我、思想交流和心灵沟通的重要工具。《幼儿园教育指导纲要（试行）》指出：“语言能力是在运用的过程中发展起来的，发展幼儿语言的关键是创设一个能使他们想说、敢说、喜欢说、有机会说，并能得到积极应答的环境。”

良好的语言环境能够激发幼儿的语言表达欲望，让幼儿乐于学习语言、应用语言，“想说、喜欢说”；同时，良好的语言环境又能够让幼儿受到鼓舞和树立自信，让幼儿积极地表达自己，“敢说、有机会说”。良好语言环境的创设是多领域、多渠道、多方法的，当然，良好的语言环境的创设也并不是随意的。要求教师在教学中创设适宜的语言环境，营造良好的语言表达氛围，并积极地引导、配合幼儿，教给幼儿语言的基本技法，诱导幼儿使用语言表达和交流，发展幼儿的语言能力，激发幼儿使用语言的兴趣，让幼儿在良好的语言环境中发展语言能力。

那么如何创设适用于幼儿语言能力发展的良好语言环境呢？

《幼儿园教育指导纲要（试行）》指出："课程实施的中心环节是因地制宜地创设适合儿童发展的、积极的、支持的环境。"为此，教师应当根据语言教育的目标，着眼于幼儿健康发展的需要，针对幼儿的个体特点和群体共性，创设教育目标与幼儿自身特点相匹配的环境，促使幼儿的语言能力在环境的客观支持和幼儿自身的主观积极的相互作用中不断地发展。

技能三十五

激发幼儿阅读的兴趣

兴趣是幼儿学习的起点。幼儿如果没有阅读兴趣，那么在幼儿看来阅读就会成为一件苦差事。教师应根据幼儿的不同年龄特点，相应地采取具体措施，激发幼儿的兴趣，培养幼儿的阅读习惯。

首先应创设良好的阅读环境。早期阅读是幼儿园语言教育的一个重要内容。通过早期阅读，能对幼儿进行简单的语言、词汇、造句语法的训练，而且在引发幼儿对阅读和书写的兴趣的同时，还能增进幼儿的交往能力。在早期阅读活动中，教师应从幼儿的年龄特点和认知水平出发，选择适合本年龄段幼儿阅读的图书，还可以让幼儿自己选购图书，自带图书来园。让幼儿可以自由选择适合的图书进行阅读，感知和体验。比如，创设图书角，教师在这里按照分类摆放一些图书，鼓励幼儿按照自己的兴趣选择图书。除此以外，教师可以开展一些阅读活动，比如“我是小书迷”“百日阅读活动”等，让幼儿的日常活动与阅读教育相结合，从而提高孩子阅读的兴趣。

其次需要家长的正确引导。家长需要跟孩子建立起共同阅读的互动关系，在帮助孩子阅读的时候引导他们充分感受阅读的快乐。比如，家长可以每天抽出时间和幼儿一起看书，和幼儿交流看书的心得，互相分享故事，以此激发孩子主动阅读。也可以利用节假日等休息时间，带幼儿去图书馆或者书店，帮助幼儿了解种类繁多的书籍，从而激发孩子求知的欲望。

不论教师和家长用什么方式来激发幼儿的阅读兴趣，都应该在阅读活动中贯彻“以幼儿为本”的思想，努力让幼儿在阅读中享受快乐，在快乐中阅读。

技能三十六

组织不同形式的语言学习活动

幼儿的语言学习是一个充满主观能动性的过程，教师和幼儿之间应该构建愉快学习与交流的共同体。在开展幼儿语言学习活动的过程中，教师按照幼儿身心特点，针对不同年龄段的幼儿，组织不同程度的语言学习活动，这是幼儿教育中专门的语言教育活动，也是幼儿语言成长的最重要的途径。

幼儿园的语言学习活动，是涵盖最广、涉及领域最多的教育活动。事实上，幼儿踏入幼儿园的第一步就开始了语言学习活动，向教师的第一声问候，和同伴的打招呼，和家长告别，都是在进行语言学习活动。幼儿入园以后，教师是幼儿接触最多的人，教师的语言经常是幼儿模仿的对象。为此，教师应利用早晨这段时间，对幼儿进行普通话的教育与培养。尤其是小班的幼儿，他们正处在接受语言能力最强的时期，教师要抓住幼儿的这个特点，以身作则与幼儿用普通话交谈，让幼儿乐意

讲普通话。

另外，在语言学习活动中，教师要将幼儿作为学习的主体，组织多种形式的讲述活动、听说活动、谈话活动。通过提问、交流、评价，让幼儿在活动中学习语言，获得语言的经验，提高幼儿口语的表达能力，培养幼儿对语言的兴趣。尤其是小班幼儿，由于他们年龄比较小，教师可以通过以游戏为主要形式的语言学习活动，精心创设语言环境，让他们感受语言环境，在与同伴或老师积极互动、交流过程中，形成语言思维，生成语言能力。

技能三十七

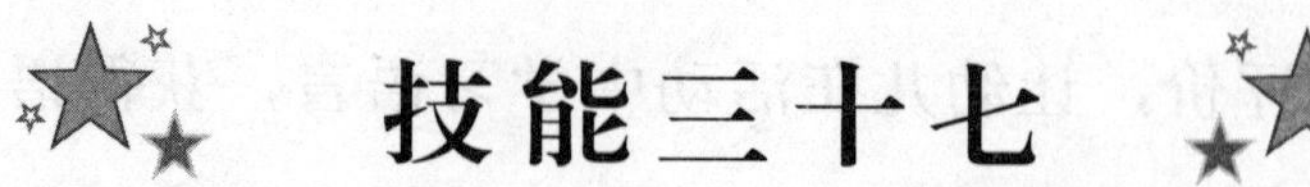

培养幼儿语言思维能力

思维是客观事物在人脑中概括和间接性的反映，是看不见、摸不着的东西，而语言是它的外壳，二者有着密切的关系。语言在思维活动中的主要职能是参与形成思维，没有语言、思维无法进行，而思维活动的成果，必须用语言表达出来。幼儿思维能力的发展和语言能力的发展是同步进行的，幼儿掌握语言的过程也就是思维发展过程；而思维的发展，又促进语言的构思能力、逻辑能力和语言表达能力的发展。

在语言教育活动中，发展幼儿思维能力。在幼儿教育中，语言教育是影响幼儿未来学习的重要基础，也是决定其思维能力、学习能力的关键。在实际的幼儿教育中，教师应该有意识地为幼儿创设丰富多样的教学模式，增加幼儿的知识量，有助于培养幼儿的语言思维能力。

在思考过程中，培养幼儿语言表达能力。在生活中，教师

要鼓励幼儿要将自己看到的、听到的、想到的各种信息，以及主观感受、愿望或要求，转换成语言与他人进行交流。尤其是在科学领域活动中，幼儿的思考过程就是其创造、探索和发现的过程。然而，很多时候幼儿因为受生活经验和思维方式的影响，常常会出现“错误”语言。此时教师应正确对待“错误”，给幼儿以支持、鼓励，让幼儿在宽松的语言交往环境中进行自我调整。

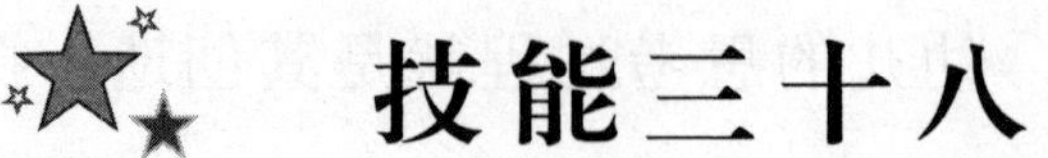

技能三十八

扩展幼儿语言交流内容

在幼儿园里，经常会看到几个幼儿围在一起交谈、说笑，而个别幼儿站在一旁却一言不发。为什么有的幼儿侃侃而谈，有的却只会倾听？从幼儿之间交谈的内容角度来说，不同的幼儿所掌握的知识水平也不一样。多一些见识和知识的幼儿自然交流的内容就丰富一些，语言表达能力也随之较强。那么如何扩展幼儿语言交流内容，激发幼儿语言表达兴趣呢？

丰富幼儿的生活体验。教师应有意识地扩展幼儿语言交流的内容，引导幼儿广泛地接触自然、社会，开展丰富多彩的户外活动，不断丰富幼儿的各种经验、感受和体会，使幼儿在与其他人交谈中乐于表达，善于表达，真正有话可说。

接触社会信息。通过报纸和电视新闻等媒介，选择幼儿可以理解的社会信息为语言交流内容。比如“奥运会”“天气预报”“足球世界杯”等，这些幼儿感兴趣的新闻内容都可以作为扩展幼儿语言交流的内容。正因为是幼儿感到新奇，充满兴

趣的内容，幼儿就乐于表达交流，更重要的是可以增加幼儿的社会知识积累。

关注周围生活信息。来自幼儿日常生活的交流内容是幼儿最熟悉、最容易激发语言表达兴趣的。鼓励幼儿积极主动表达和交流自己在生活中的所见所闻，捕捉自己所感兴趣的信息进行表达和交流。同时也可以引导幼儿对自身及日常生活中常见的现象加以关注、概括和交流。比如，“我的新玩具”“我的生日”“发现生活中的数字”等，让幼儿在处理有关信息的基础上，组织规范的语言进行表达和交流。

通过阅读获得知识。幼儿通过阅读图书角的图书或自己的图书，从而不断地增加和扩充知识，当与教师和同伴进行与阅读图书有关的话题时，比如，在开展“我喜欢的图书”语言活动中，幼儿就可以谈论自己所喜欢的图书，并表达自己的喜欢的原因等交谈内容，从而提高幼儿的交流水平，促进幼儿之间相互学习。

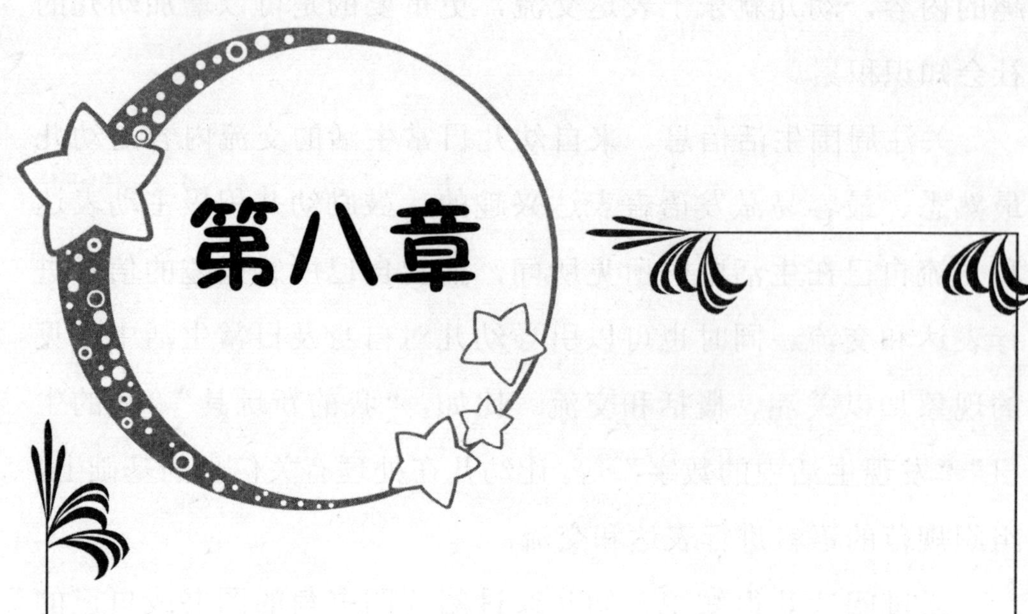

第八章

加强对幼儿艺术、美学教育

技能三十九

帮助幼儿感受和表现音乐

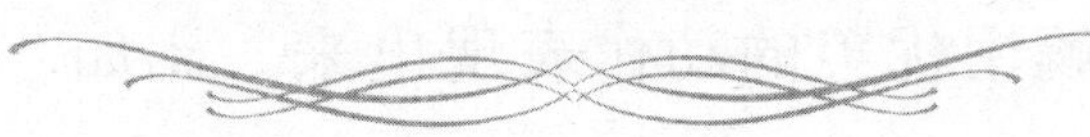

音乐教育家卡巴列夫斯基说过："激发孩子对音乐的兴趣，这是把音乐的魅力传递给他们的必要条件。音乐教育要把激发幼儿的学习兴趣贯彻到教学始终。"随着幼儿教育改革的不断深入，人们也越来越清楚地认识到音乐教育在幼儿教育中的重要作用，音乐教育不仅仅让幼儿掌握一些音乐技能，更重要的是通过音乐活动让幼儿获得身体、智力、情感、个性、社会性的全面和谐的发展。作为教师，应该考虑如何帮助幼儿感受和表现音乐，陶冶情操、提高素养，激活幼儿的创新潜能。

一、通过律动，体验音乐

律动可以刺激和激发幼儿感受音乐的情绪，对音乐产生兴趣。特别是根据儿歌编排的音乐，可以取得很好的音乐活动教学效果。幼儿随着有节奏的律动，边唱边表演。欢快的情绪，生动的表演，激发了幼儿热爱音乐的热情，又使幼儿掌握了一

些表演技巧。

二、通过游戏，感受旋律

在生活中，声音无处不在，节奏无处不有。让幼儿用心去听，去发现，去亲身感受生活中各种各样的节奏。比如，拍球的声音，跑步的声音，以及小朋友拍手、鼓掌等声音。在教学中，可以通过让幼儿用身体的各个部位来表现，感知音律，把自己对节奏的感受和理解用优美的动作表现出来。比如，音乐活动“狐狸捉鸡”，在欣赏作品的同时，让幼儿运用自己的感知，充分讨论狐狸的音乐形象，并集体创作、设计狐狸的狡猾和小鸡的弱小等不同情绪不同形象的动作。教师还可以利用幼儿强烈的参与心理和竞争心理，利用游戏比赛形式，感受音乐带来的情绪，比如，用“开汽车”“拍手歌”等游戏来训练幼儿感受音乐的快慢、强弱。

三、通过音乐欣赏，感知情感

马克思说过：“对于不懂音乐的耳朵，最美的音乐也没有意义。”这说明，如果幼儿缺乏必要的音乐欣赏能力，就很难理解音乐的含义。比如，在“春雨沙沙”的教学活动中，引导幼儿观察春雨落下的样子并倾听春雨的声音，随之将春雨变成了一首非常优美的小诗，孩子们陶醉其中，在老师的一步步引导下，孩子们在浓厚的兴趣中学会了歌曲。

技能四十

培养幼儿对音乐的情趣

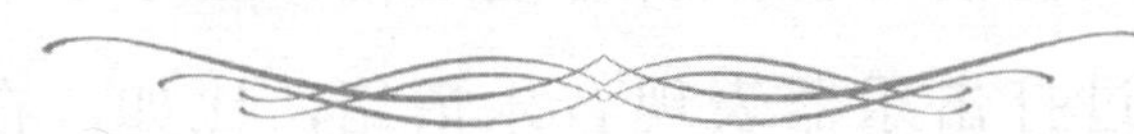

日本的音乐教育学家铃木教授说："人的才能不是天生的，而是后天培养与教育的结果，重要的是循循善诱，耐心地创造条件，激发幼儿的学习热情，任何一个孩子都会有发展。这取决于教育方法如何。"在教学中，教师应该灵活运用各种方法，有效地开展音乐教育，培养幼儿的音乐情趣。在幼儿园，幼儿接触音乐的机会有很多，因此，教师要采取生动活泼的音乐教学内容和形式，培养和发展幼儿对音乐的情趣。

首先，要选择适合幼儿的音乐教材。幼儿园的音乐教育是对幼儿进行的音乐启蒙教育，因此在选择音乐教材时，一定要符合幼儿的年龄特点，注意既有教育意义又有趣味性。而在音乐教学活动中，也要进行动手、动脚、动口，做一些活泼有趣的活动，幼儿只有在兴趣性较强的音乐活动中才能真正喜欢参与音乐活动，感受音乐的情趣。比如，小班可采用活泼愉快的

音乐游戏活动，而中班大班幼儿可在听听、动动、说说中，感受音乐的情趣。

其次，通过打击乐器表现音乐情绪。幼儿年龄小，对任何新鲜的事物都充满浓厚的兴趣、强烈的求知欲。打击乐是最能引发幼儿兴趣的音乐活动之一。在音乐教学中，可以让幼儿充分地利用打击乐器，先让他们了解各种乐器的声音，是清脆，是浑厚，是长音，是短音，通过演奏打击乐器，充分调动他们的积极性，激发他们对音乐的喜爱之情。在学唱歌曲时，也可以鼓励幼儿通过打击乐器表现音乐情绪，比如，在学习《大鼓和小铃》《剪羊毛》这些歌曲时，让幼儿随着音乐自编一些节奏，这样幼儿会很高兴地演奏起来，提高了幼儿的音乐审美能力，锻炼了幼儿的自学能力，调动了学习音乐的主动性。

最后，通过创设情境感受音乐。幼儿园的音乐教学不应仅仅局限在音乐课中，应该渗透在幼儿的一日活动中，为幼儿创造多样化的环境，使幼儿在幼儿园的生活、游戏和学习都有优美的音乐伴随。比如，早上体检时有音乐相伴，有音乐相伴晨间活动，户外活动有音乐相随，作画时有优美的旋律，音乐课上有动听的歌声……每时每刻都有音乐萦绕在孩子们的身边。久而久之，孩子们生活在到处有音乐环绕的环境中，无论是在对音乐的喜爱上，对音乐的感受力上，都有了很大提高。

技能四十一

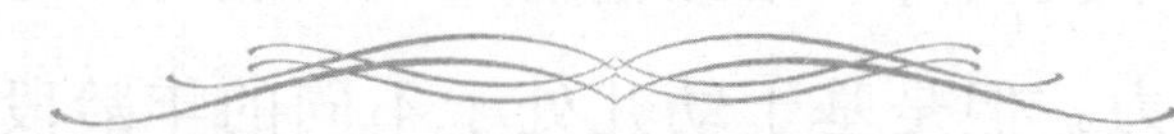

通过美术教育，激发幼儿对美的想象力

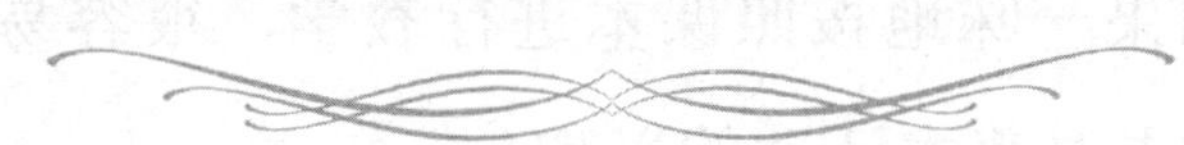

每个孩子都是天生的艺术家，当幼儿从拿起笔的那一刻起，就开始在他们认为可以涂抹的地方自由地表现和创造。随着年龄的增长，幼儿通过绘画、陶塑、剪纸等各种不同的美术方式，发挥他们的想象力和创造力，表达他们对世界的认知和对情感的感受。美术是幼儿表达认识和情感的一种特殊方式。教师在美术教育中，应根据幼儿自身特点出发，注重对幼儿学习美术兴趣培养，通过丰富多彩的美术方式激发幼儿的想象力。如何在幼儿美术教育中培养幼儿的想象力呢？可以从以下几个方面入手。

一、选择适合的教学内容。

美术教育家勒温费尔特说："儿童只要被给予充足的时间和帮助，获得与创造性材料接触的机会，而不被强迫地接受成人的模式和范式，那么每个儿童都是能成为艺术创造的能手。"幼儿本身就具有独特而丰富的想象力。在幼儿时期注重对幼儿培养艺术美感，不仅仅可以增加他们的认知能力，还可以激发他们对美的想象力。但是基于幼儿处于不同的年龄段，具备绘画的能力也有所不同，因此教师要注意选择难易程度适合幼儿的美术活动，如果一味地按照课本进行教学，很容易让幼儿产生负面情绪，失去对美术活动的兴趣。

二、结合音乐，语言来辅助美术教学

幼儿美术教育是素质教育的重要组成部分，根据幼儿发育特点，他们的知识和活动范围比较狭小，而通过结合音乐、语言领域活动来辅助美术教学，让他们在轻松愉悦的氛围中学，会将各种学科融会贯通起来，有利于培养他们的发散想象能力。比如，在美术活动"美丽的春天"中，如果让幼儿在课堂上凭空想象春天的画面是有一定的难度，这时可以配合音乐播放小河水的流动声音，喜鹊的欢叫声，小狗、小猫等动物的叫声，也可以设计如儿歌，诗词朗诵环节，声图并茂地协助幼儿想象春天的画面，让幼儿感受春暖花开，冰雪融化的季节变化，想象春天到来，万物生机勃勃的美好景象。

三、创设表现美的环境，激发创作冲动

这个时期的幼儿有时还不能通过用语言清楚地表达自己的感受和情感，而通过绘画的方式，他们能把自己看到的，听到的，甚至是心里想到的表达出来。教师应为幼儿准备尽可能多的美工制作材料，比如铅笔、毛笔、颜料、棉签、白纸、黏土、面泥等，保证幼儿有材料和时间进行创作。教师还可以激发幼儿的创作冲动，鼓励幼儿尝试在不同的材料上大胆地绘画，比如在贝壳、木头、玻璃瓶上绘画，在美术教育中，让幼儿不断地尝试这些新奇的创造活动，通过比较不同材料的不同艺术效果，激发他们的想象力和创造力。

技能四十二

鼓励幼儿大胆地创作儿童作品

幼儿的创作过程和作品反映出他们对世界的认知和感受，比如有的孩子可能只关心色彩，有的关心某个东西的一个部分，而有的喜欢线条乱画，有的用颜色乱涂……教师应尊重他们的表达方式，认识到这些都是他们感受的过程，同时也是他们表达内心世界的一种方式。要用欣赏的眼光去看待幼儿的作品，并给予肯定和鼓励，这不仅能够保持和延续幼儿的创作激情，而且能够让他们在快乐和成功中将自己的感受、想象大胆地表达出来。

一、赏识幼儿作品，培养幼儿创作兴趣

在幼儿创作过程中，教师要认真地观察幼儿，随时给予他们支持和赞美，尊重幼儿的思维发展，发现并激发他们的创作兴趣。不管幼儿的作品表现的是快乐，惊奇，悲伤，愤怒，还

是哭泣、大笑的情感，教师都应肯定幼儿的个人表现方式，用欣赏的眼光看待幼儿的作品，发现并保护每个孩子的与众不同之处。

二、关注幼儿自由表达，分享快乐

鼓励幼儿做无拘无束、随心所欲的联想和创作，比如，“未来的我”“如果恐龙还活着”“假如我登上了月球”……发挥幼儿的想象力和创造力，将自己想到的或者心里的愿望表达出来，走进他们的世界，和他们一起分享创造的快乐。

三、尊重幼儿的表达和创造

《幼儿园教育指导纲要（试行）》提出：“我们要尊重每一个幼儿的想法和创造，肯定和接纳他们独特的审美感和变现方式。”幼儿在创造作品中，可能表达的是积极向上的情绪，也可能表达的是伤心或者消极的情感，教师应尊重幼儿的情感，鼓励他们用美术的方式将快乐和伤心的事情表现出来，并说出自己的感受。

四、鼓励幼儿互相欣赏创作的作品

幼儿喜欢表现自己的作品，展示自己的想法，他们更希望得到身边的同伴、老师的认可，并与他们分享这种快乐。因此教师可以通过引导孩子们互相欣赏作品，进而让幼儿知道创作的完成并不是艺术活动的尾声，恰恰是幼儿之间分享各自的作品、相互欣赏、相互交流、共同提高的最佳时机。这种互相欣

赏活动可以逐步引导幼儿从一般知觉向审美知觉过渡，使他们的欣赏与评价水平不断提高。

技能四十三

激发幼儿表现美和创造美的情趣和能力

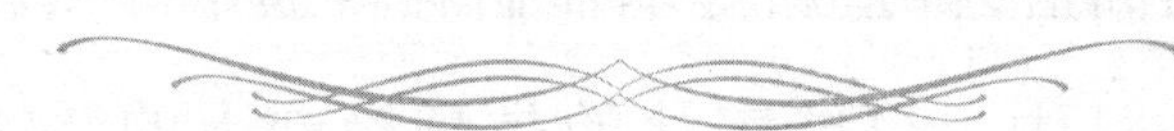

《幼儿园教育指导纲要（试行）》指出，幼儿园教育的内容是广泛的、启蒙性的，要培养幼儿对艺术的喜爱，丰富他们的感性经验，激发他们表现美和创造美的情趣和能力。在生活中，无处不蕴藏着美好的事物，教师应鼓励幼儿从周围的环境中和生活中发现美，欣赏美，表现美和创造美。幼儿在发现美好的事物时，容易对局部的特征吸引，而忽略对事物的整体把握。如果对幼儿的兴趣不及时加以引导，很容易消失。因此，教师在对幼儿发现美、感受美、表现美、创造美的能力的培养时，要进行科学的引导。

一、与幼儿一起寻找和感受大自然的美

加里宁曾指出，儿童的感受性是很强的，要多给儿童介绍周围世界，特别是土地、森林、山脉、河流、海洋等大自然的形形色色，从而为孩子形成“人类性格的最好的特质”奠定基础。大自然的美是艺术作品的源泉，从小培养幼儿拥有一双欣赏自然之美的眼睛，有利于他们扩大审美视野，提高认识美的能力。经常组织幼儿参与户外活动，感受自然的各种色彩，让幼儿在其中充分感知色彩的美。

二、与幼儿一起感受生活中的美

对生活美的感受生活中不是缺少美，而是缺少发现。幼儿对周围世界充满了好奇心，生动和形象的美好事物很容易引起他们的注意和兴趣，作为教师要做生活中的有心人，鼓励幼儿用看、听、触摸等方式从生活细微处去发现和感受美的存在。比如，让幼儿比一比，谁的手洗得最干净，衣服最整齐，提醒幼儿随时保持自己的仪表美。再比如，让幼儿说说，谁走路时的姿势最标准，看书的姿势最正确，使幼儿体验到这是一种形体美。

三、与幼儿一起欣赏艺术品

对艺术美的感受艺术美是通过艺术家们创造的艺术形象美反映出来的，因此它比实际生活中的美更集中，更强烈，更理想。

让幼儿获得美的享受，可以在教室里提供幼儿喜欢的作品，引导幼儿欣赏贴近孩子生活，又比较容易理解的作品，当幼儿发现美的事物时，教师要及时给予表扬和鼓励。如果有机会，教师也可以与幼儿一起参加画展、艺术品展览等，开阔幼儿的视野，享受审美的乐趣。

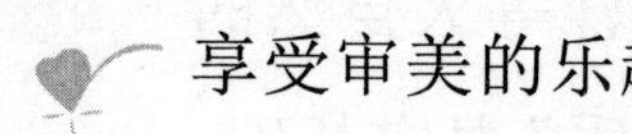

技能四十四

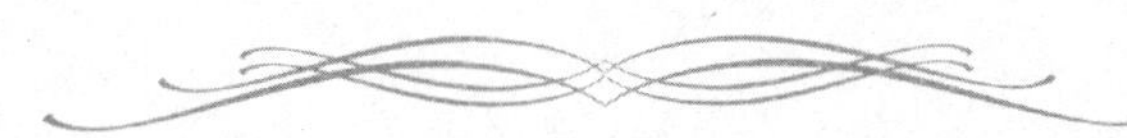

鼓励幼儿把美感的体验表现出来

每个幼儿都具有表现和创造的潜能和天赋，幼儿园应为幼儿提供丰富多彩的艺术活动，如泥塑、插花、舞蹈、绘画、京剧表演等，让幼儿在这些活动中获得美感的体验。

幼儿园开展的艺术活动为幼儿提供了欣赏美、表现美的机会，也为幼儿提供了表现自我，创造美的机会。在艺术活动中，幼儿体验到了一种轻松愉快的感觉，这本身就是美感的体验。作为教师，要鼓励幼儿用自己的方式将美好的体验表现出来。

当幼儿喜欢某一个事物时，教师在这一过程中要善于观察幼儿的兴趣，鼓励他们仔细观察，激发艺术创造动机，把感觉最美的地方画在纸上，或者用语言大胆地说出来。随时为幼儿准备好表现的工具和材料，比如各种纸、画笔、颜料等，放在幼儿方便使用的地方，鼓励他们表达自己对美好事物的感受。

在艺术教育中，培养幼儿的表现力和创造力不能仅仅停留在让幼儿将美好的事物表现出来，还要引导他们学会用艺术的方式改善周围的生活环境。比如，通过剪窗花活动，引导幼儿装饰教室或者自己的房间，装点自己的用具，使生活的环境更加漂亮，生活得更加美好。这样不但可以增强幼儿的艺术表现力，而且还可以进一步加深幼儿的美感体验。

第九章

提升幼儿的互动能力

技能四十五

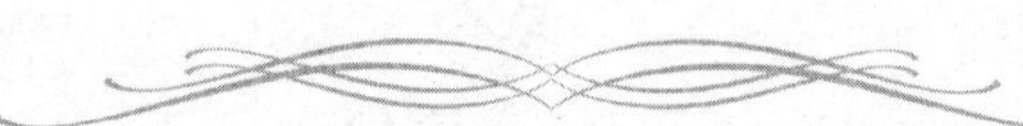

确立幼儿在师幼互动中的主体性

《幼儿园教育指导纲要（试行）》明确提出：“教师应成为幼儿学习活动的支持者、合作者、引导者。”由于受到传统观念和教学模式的影响，教师往往不自觉地成为教育活动的指挥者，在教学活动中经常不考虑幼儿的需要、兴趣和愿望，而是将幼儿的思想和行为纳入自己的轨道。

根据对师幼互动行为的调查，在目前的幼儿园教育活动中，教师开启的互动行为事件排在前3位的是：指导活动、提问和约束纪律。而幼儿开启的互动行为事件排在前3位的是：寻求指导与帮助、请求和寻求关注与安慰。通过这个调查不难发现，师幼互动中的角色地位有很大的差别，很显然，教师在师幼互动中占据了主动和优越的角色。这种问题的存在与教师和幼儿在师幼互动中的角色定位至关重要。事实上，幼儿在师幼互动中的主体性是否得以充分体现、能否取得较大发展，完全取决于教师的教育观念。为此，教师应明确自己的师幼互动中的各自角色，调整自己的角色，提高对幼儿的主体性认识。

幼儿的世界，是靠幼儿自己去探索发现，他们自主学到的知识才是真知识，自己发现的世界才是真世界。教师要相信幼儿具有独立、自主、创造的潜能，他们完全可以自主地去探索、发现、判断、表达，幼儿只有在主体性活动中才能够真正获得发展。

技能四十六

支持幼儿成为活动的主体

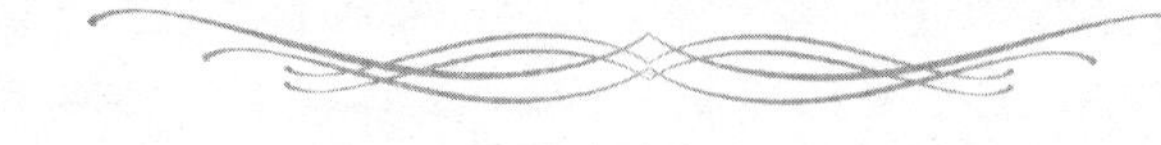

“教师主导、幼儿主体”这句话十分精辟地概括了幼儿园教育活动中应有的正确师生关系。也就是说，教师应支持幼儿成为活动的主体，不能代替幼儿参与实践，也不能代替幼儿自主发展。当幼儿表现出可以独立思考，自主参与活动时，教师应减少参与和指导，只有当幼儿表现出需要帮助时，教师才可以参与和指导。

在新课程改革中，不难发现区域活动在幼儿教育中所具有的重要功能和作用。事实上，区域活动是体现幼儿成为活动主体的最好场所。教师在开展区域活动中，要及时发现幼儿的需要，对幼儿表现出的想法和兴趣充分重视，从幼儿出发，支持幼儿真正成为活动的主体。可以允许每个幼儿在一定区域和范围内自主选择活动，可以选择不同的区域，也可以选择不同的活动，也允许每个幼儿按照自己的速度进行活动，同样的操作内容，有的幼儿可能很快就可以完成，而有的幼儿则需要一段时间。教师只需要为幼儿提供丰富多彩的活动类型和材料，给予幼儿充分的自主学习的可能，让幼儿按照自己的兴趣和意愿作出决定。在区域活动中，在教师的支持和鼓励下，如果幼儿遇到困难或者问题，可以向老师或者同伴自由地寻求帮助，自由地表达想法，如果幼儿有新的发现或者收获，也可以与老师或者同伴交流分享，这样幼儿的活动主体性可以充分地体现。

在实施游戏化的课程活动过程中，鼓励幼儿找到合适自己的位置，最大地激发幼儿学习自主性，最大化地体现幼儿的活动主体性。在游戏活动中，教师与幼儿形成积极的师幼互动，教师以参与者的身份，其任务是引导幼儿出主意，想办法，分享经验，而幼儿是游戏活动的主人，其任务是组织活动，管理活动。在游戏中，幼儿的想法是否正确并不重要，教师不要批评和反驳，应给以真诚地接纳和认可，发掘每个幼儿的独特之处。让幼儿在游戏活动中积极探索，充分体验，自由表达，才能有效地体现幼儿在活动中的主体性，激发幼儿的学习欲望，从而促进幼儿自主性和主动性的发展。

技能四十七

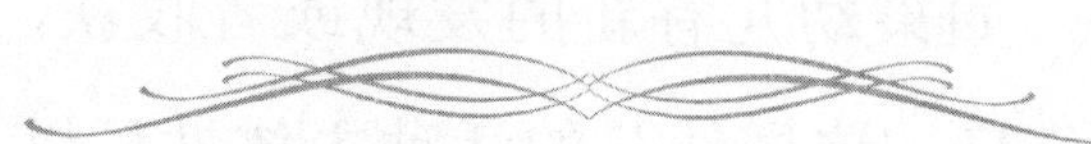

教师的主体价值体现必须服从于幼儿的主体价值

师幼关系是一种平等、友好、相互学习、相互作用、共同成长的互动关系。教师的主体价值应体现在了解幼儿、尊重幼儿、理解幼儿、促进幼儿主体潜能得到最大限度的发挥上。《幼儿园教育指导纲要（试行）》中指出："教师应成为幼儿学习活动的支持者、合作者、引导者。"也就是说教师作为教育活动的主要因素，在教育活动的设定、教育方法的选择、教学形式的思考、教学活动的指导等方面，都是教师的主体价值体现。但是值得注意的是，教师对幼儿的作用和影响只有通过幼儿主体的积极参与才能真正地对幼儿的发展产生积极作用，因此，教师的主体价值必须服从幼儿的主体价值。

在幼儿园教育活动中，要以幼儿的需要和兴趣为出发点，开展符合幼儿年龄特点的活动，并在活动中鼓励幼儿自由表达，自主选择，自己探索，为他们创设开放、自由的活动空间。另外，教师应尊重幼儿的主体性，相信幼儿有能力自主学习，并且认识到学习过程中，幼儿不是被动的接受者，而是活动的主人。但这也不是忽视教师的重要作用，任由幼儿自由活动，相反，幼儿的主体价值的能够得以充分体现需要教师的支持，更需要教师的指导。

技能四十八

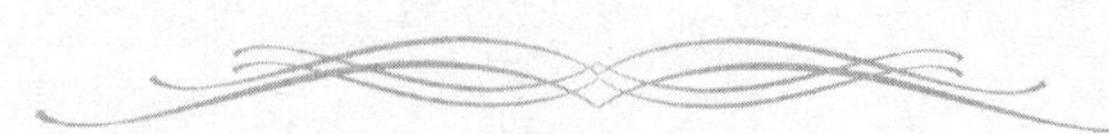

幼儿是否成为活动主体，教师的行为是关键

什么叫主体？主体是指认识者，是实践活动和认知活动的承担者。在教学过程中，从事教与学活动的人是教师和幼儿。教师是教学过程中教育的主体，幼儿是教学过程中学习的主体。过去，教师往往以自己为中心，忽视幼儿的主体能动性，进而扼杀了幼儿的主体性。目前，要想发挥幼儿的主体性，真正让幼儿成为活动的主体，教师的行为很关键。

首先，教师要在教育观念上确立幼儿的主体地位。任何教育活动的有效展开，都必须依靠幼儿的主体努力，才能最终落到促进幼儿的发展目标上。因此，教师必须从研究幼儿入手，引导幼儿发展，在具体教学中，把幼儿放在活动主体上，不断地思考如何调动幼儿的积极性，让幼儿主动参与教学过程，更好地投入到活动中。

其次，教师要转变传统教学模式。传统的教育模式强调教师主体地位，在教学活动中以教师单向的传授，幼儿被动地接受知识为主。教师的教学方法必须根据学生的才能和兴趣，教的方法必须根据学的方法，要求教师的教完全与幼儿的学相配合，幼儿怎么样学就怎么样教，学得多就教得快，学得少就教得慢。在幼儿园教育活动中，教师应改变教育观念，调整教学方法，更多地从幼儿的角度思考问题，确立幼儿在活动中的主体地位，引导幼儿与教师、同伴、社会和自然的积极互动，鼓励幼儿在自主的学习过程中积极探索，充分体验、自由表达，才能有效激发幼儿的学习欲望和内在动机，增强自主性，从而让幼儿真正成为学习的主人。

最后，教师要以平等的身份与幼儿互动和探讨。在教学中，教师要以平等的身份与幼儿进行互动，让幼儿感受到自己的话语、想法、意见、主张和情感都得到了教师的尊重和理解。幼儿只有体会到了与教师的平等性，才会愿意与教师共同倾听，共同讲述，共同游戏，共同阅读。值得注意的是，教师在与幼儿互动和探讨时，要做一个耐心的倾听者、虚心求教的学生，并尊重幼儿，积极有效地回应幼儿。

技能四十九

做幼儿学习的支持者

要真正落实幼儿的主体地位，成为幼儿学习活动的支持者、合作者、引导者，教师要在活动中充分放手让幼儿成为活动的主人，更多地去关注幼儿的需要，而不是简单地约束纪律和传授知识，根据幼儿的实际情况，更好地促进幼儿主体性发展。

教师是幼儿学习的支持者。教师要成为幼儿学习的支持者，要求其对幼儿的学习活动提供物质和精神上的支持。物质上的支持包括物质环境、学习资源等，精神上的支持包括对幼儿的关注、尊重和理解等，还有对幼儿的帮助，以及创设良好的学习氛围等。教师对幼儿学习的支持，有利于幼儿进一步学习、实践和探索提供基础条件。比如，在语言领域活动中，教师应该明白自己是幼儿的支持者和引导者，不再简单地向幼儿灌输知识，以及给幼儿现成的答案，而是要不断地提出问题，引发

幼儿探索。当幼儿提出不同的见解时，教师应肯定和鼓励幼儿这种可贵的探索精神，引导幼儿学会学习，学会探索，学会自己解决问题。

技能五十

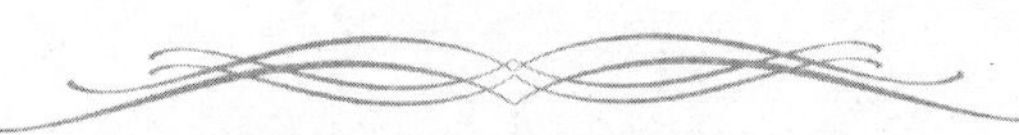

做幼儿学习的合作者

著名的教育家蒙台梭利认为：教育的基本问题，不是教什么和学什么的问题，而是建立成人和儿童之间的关系问题。在日常教学活动中，如何使教学目的获得成功，一个关键性的重要因素，就是教师要成为幼儿学习的支持者，要求其以“合作伙伴”的身份参与幼儿的活动，共同学习，共同探索，共同发展。

《幼儿园教育指导纲要（试行）》中要求教师成为幼儿学习活动的合作者，消除教师高高在上的师幼关系，形成与幼儿一起进行合作探究的学习氛围。在活动中，作为幼儿活动的合作者，

教师与幼儿之间是一种平等的关系，扮演的角色更多的是幼儿的“助手”，双方相互促进，相互帮助，共同分享，共同解决问题。在活动中，教师要认识到自己是幼儿学习的合作者，只有这样定位自己的角色，才能更多地关注幼儿的实际情况，更好地促进幼儿的主体发展。

如今，已有很多教师以“幼儿学习的支持者和合作者”的角色来要求自己的教学行为，调整自己的教学目标，有效地推动了幼儿的学习活动，使幼儿的身心获得了主动和谐的发展。

技能五十一

发现和追随幼儿的需要

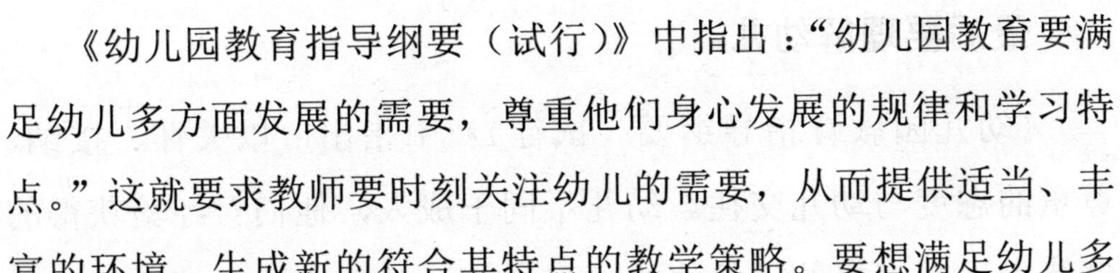

《幼儿园教育指导纲要（试行）》中指出：“幼儿园教育要满足幼儿多方面发展的需要，尊重他们身心发展的规律和学习特点。”这就要求教师要时刻关注幼儿的需要，从而提供适当、丰富的环境，生成新的符合其特点的教学策略。要想满足幼儿多方面的需要，需要做到以下几点。

首先要关注幼儿。

作为教师，要有敏锐的观察力和洞察力，甚至从幼儿最细微的动作上能探知到幼儿最迫切的需要，从而为幼儿提供活动时间、空间及各种材料，支持幼儿的需要，使幼儿在活动中发挥主体地位，发展各方面能力。比如，在游戏活动中，幼儿经常会偏离活动主题或者教学目标，那么教师应该按照既定的教学目标和内容把幼儿的心理需要拉回来吗？事实上，在这种情况下，教师应该追随幼儿的需要，关注幼儿的行为，从而调整教学思路。

其次要尊重幼儿。

幼儿是活动的主体，而不是被动的接受者，他们是按照自己的需要参与教育活动的，因此，他们更需要教师的尊重和认可，需要拥有更多的自主支配和自由表达的权力。在活动中，当幼儿想说时，教师应该给予支持和鼓励，做认真的倾听者，当幼儿表达不同的想法时，教师应该给予尊重和理解，当幼儿主动呈现自己的作品时，教师应该给予赞赏和肯定……

最后要理解幼儿。

《幼儿园教育指导纲要（试行）》中指出：以关怀、接纳、尊重的态度与幼儿交往。幼儿不同于成人，他们对经验获得的情绪表现是直接的、具体的、强烈的。教师应该对幼儿的各种行为、感受和想法表示理解，从幼儿身心的特点出发，正确地看待幼儿的感受，支持他们大胆探索与表达。

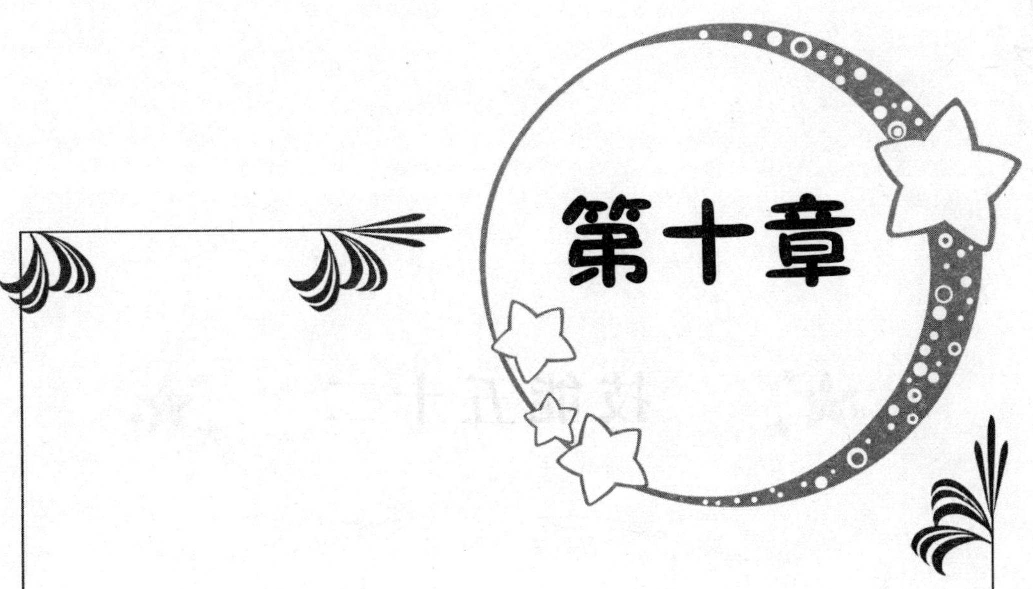

第十章

加强安全防控能力

技能五十二

重视对幼儿进行安全知识教育

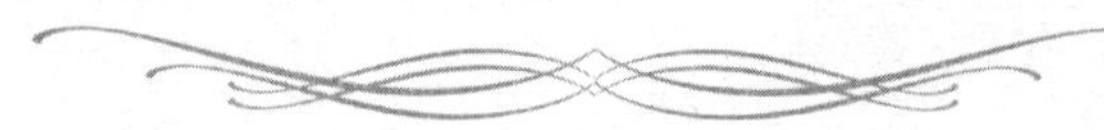

由于幼儿年龄小，好奇心强，又缺乏经验，独立生活能力较差，往往缺乏安全意识和安全常识，所以教师在教学中，应重视对幼儿进行安全教育，切实保证每个孩子的安全。

一、正确引导

在平日的教育实践中，教师对幼儿的安全教育往往停留在让幼儿被动地接受“你不能怎样，你不该怎样”，安全教育有效性不够，说教较多，幼儿学习兴趣不高。一旦事情发生，幼儿不知道如何去做。这就要求教师合理利用幼儿日常活动，及时灵活地进行引导。比如：发现幼儿带了打火机到幼儿园，教师发现后要及时向幼儿讲清楚玩打火机的危险，这样使幼儿及时了解安全知识，也易于接受。

二、发挥榜样作用

常言道："身教重于言教"。教师的言行举止对幼儿起到潜移默化的教育作用。教师要充分发挥榜样作用进行安全教育，这样可以把抽象的安全知识具体化、形象化，使幼儿易于接受。比如，告诉幼儿怎样正确使用剪刀，提醒应注意使用时的问题，使幼儿既能学到技能，又了解安全知识。

三、强化安全意识

幼儿的可塑性很强，教师应在平时多对幼儿进行安全知识教育和安全自救技能的培养。但在对幼儿进行安全教育时，必须根据幼儿的身心发展水平和特点来进行，采用示范和讲解相结合，运用多种方法正面引导和教育，强化幼儿的安全意识。

技能五十三

发挥保护职责，及时发现存在的安全隐患

幼儿在日常生活中，常有些不安全的因素隐藏在他们身边。教师应负起对幼儿的保护职责，对幼儿周围环境要有警惕性，消除幼儿生活环境中引发的安全事故的隐患。

1．注意场地、玩具、用具的安全使用，避免触电、砸伤、摔伤、烫伤等事故发生。

2．随时检查幼儿口袋里是否有尖锐或坚硬的物品，比如玻璃片、小石子等，以免发生危险。

3．班级内的药品不能随意摆放，一定要放在幼儿不能接触到的地方，以免误食。发放药品时，一定要仔细检查核对，严防幼儿吃错。

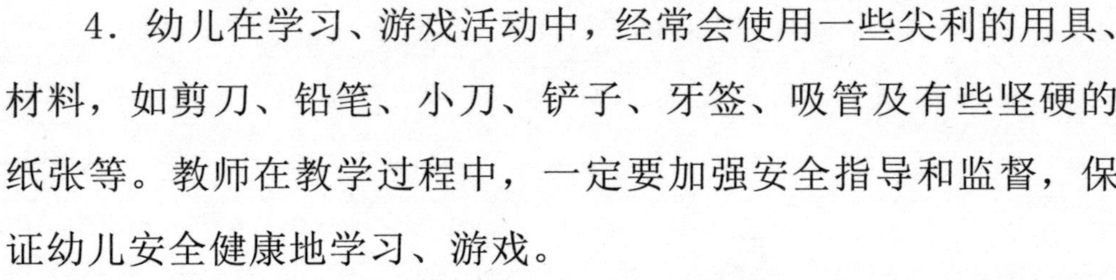

4．幼儿在学习、游戏活动中，经常会使用一些尖利的用具、材料，如剪刀、铅笔、小刀、铲子、牙签、吸管及有些坚硬的纸张等。教师在教学过程中，一定要加强安全指导和监督，保证幼儿安全健康地学习、游戏。

5．严格执行卫生安全制度，食品卫生安全是幼儿身心健康的首要保证。因此，炊事员及相关工作人员必须提高防范意识，掌握食品卫生常识、岗位安全操作常识，严格把住食品安全关，排除一切食品安全隐患，预防食物中毒和食源疾病的发生。

6．幼儿放学离园时，教师首先要控制好接孩子的时间，其次，要严格确认接孩子的家长，如果临时有陌生人来接，必须用电话或其他可信方式进行确认，严格杜绝陌生人不向老师打招呼就带孩子离开幼儿园的情况发生。

技能五十四

坚持预防为主，科学安全管理

《幼儿园教育指导纲要（试行）》明确指出：“幼儿园的安全教育应放在一切工作的首位。”可见，环境教育的重要性，不仅是儿童发展的重要因素之一，还对幼儿的安全教育也起着重要的、不可替代的作用。幼儿园安全教育不是一句口号，而要实实在在地落实到行动中，把幼儿的安全真正地摆在首位，切实关心每一个幼儿的安全，以预防为主。首先，教师应认识到幼儿安全教育工作开展的重要性。在日常工作中，时刻把幼儿安全工作放在首位，在抓好教学工作的同时，切实落实幼儿园的安全工作，为幼儿园安全工作提供保障和支持，建立和完善幼儿园安全工作的长效机制。其次，教师应将安全责任落实到具体的细节工作中，这就要求在平时工作中能够做到防微杜渐，避免小隐患酿成大祸害。只有当关注每个环境细节、每个幼儿细节变化的时候，教师的安全工作才算是落到了实处，才可能避免安全管理的脱节和失控。最后，教师一旦发现安全隐患应及时报告，把隐患消灭在萌芽中。据调查发现，幼儿意外事故多发生在教师麻痹大意，缺乏一定安全知识的情况下。因此，在工作中不能心存侥幸心理，掉以轻心，认为“意外防不胜防，不可避免”，而要牢固树立“安全第一”的思想，始终紧绷“安全”这根弦，时刻提高警惕，做到“放手不放眼，放眼不放心”。

幼儿园是集体教育机构，不像幼儿在家中可以一对一，甚至几对一地对幼儿进行教育和保护。幼儿园教师少，孩子多，一个教师要面对许多幼儿，这使幼儿身处更复杂、更多样的环境。因此，幼儿园安全教育必须坚持长远的规划，从机制和制度上消除安全隐患，为幼儿提供一个安全无忧的环境，筑起校园安全的坚固堡垒。

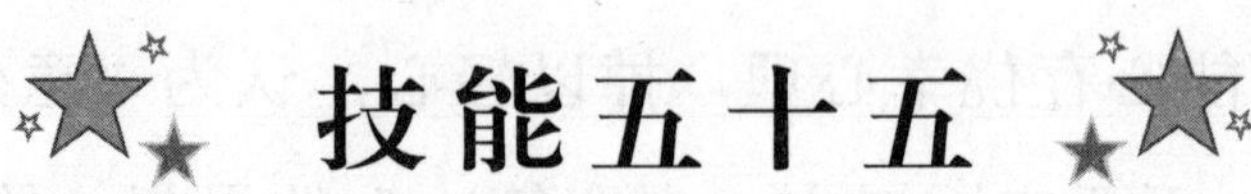

技能五十五

在活动中培养幼儿的安全意识

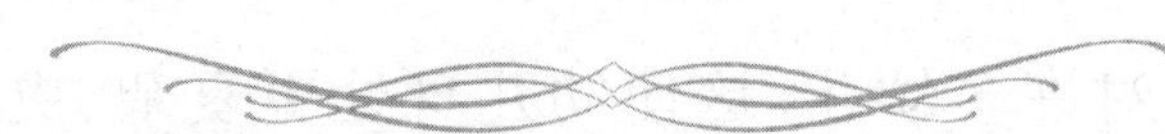

幼儿园的孩子年龄大部分在3-5岁，缺乏知识经验和和独立行动能力，但又活泼好动，什么都想看一看，摸一摸，动一动，对接触到的危险事物常常意识不到其危险性，缺乏自我保护能力。教师可以从开展以下活动入手，提高幼儿的安全意识和防护能力。

一、语言活动

在平时的生活中，对幼儿而言，水、火、电都十分危险。因此，应该告诉幼儿不玩火，不要在离水边太近的地方玩；不能玩电插头和插座，不能摆弄电器；下雨打雷时，不要在大树下避雨，也不要在山坡上或空旷的高地上行走等。教师也可以通过开展语言活动，说一说“我身边的危险物品”，教育幼儿避开危险的事物，不做危险的事。

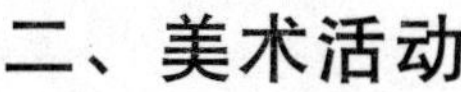

二、美术活动

通过开展动手制作安全标志这一活动，让幼儿主动获取一定的安全知识，树立安全意识。比如电线插座附近粘贴禁止触摸的标记，在窗户上粘贴禁止攀爬的标记，在楼梯走廊上粘贴禁止打闹的标记等，让幼儿认识到他们可能遇到的危险和伤害，让他们了解幼儿园、社会公共场所存在着潜在的危险，使他们知道在什么情况下会发生什么危险，怎样做能避免危险的发生或者减少危险。

三、表演活动

幼儿知识经验不足，常常意识不到周围存在的危险，因此教师应将安全教育与日常生活有机地结合和渗透，多展现生活中的场景和实例。例如：通过表演“我走丢了”“不和陌生人走”“爸爸没来接我怎么办？”等故事情节，让幼儿知道放学后要等家长来接，不轻信陌生人的话，不跟陌生人走，也不吃陌生人给的东西。这样既可以让幼儿学习安全自救的方法，又知道怎样保护自己，使自己安全。

技能五十六

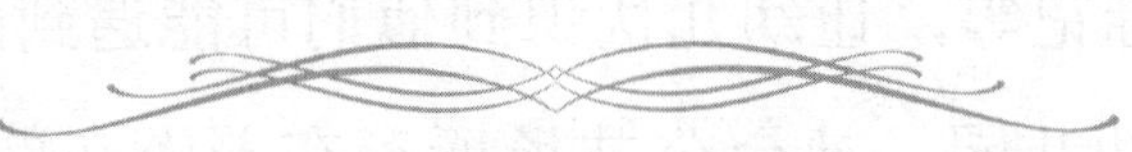

家园共育，形成安全教育合力

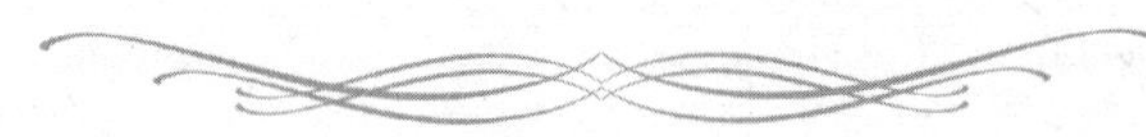

《幼儿园教育指导纲要（试行）》强调指出："家庭是幼儿园的重要合作伙伴。应本着尊重、平等、合作的原则，争取家长的理解、支持和主动参与，并积极支持、帮助家长提高教育能力。"而有的家庭对幼儿的安全没有足够重视，家长对孩子的好奇心和冒险心理未加防范，非常容易导致意外的发生。比如，家中药品等物品随便摆放，幼儿好奇心极强，很容易发生误饮、误食的现象。因此在家庭中开展安全教育是十分必要的。

一、提升家长的安全意识

幼儿园可以通过召开家长会，向家长发放"幼儿自我保护能力"问卷表，请家长如实填写幼儿在家的自我保护情况，从家长反馈的信息中发现问题。定期在家园联系栏上张贴有关幼儿自我保护能力的小常识，向家长宣传一些培养幼儿自我保护能力的方法。

二、加强幼儿安全实践

生理学家认为："习惯是自动化了的条件反射。"幼儿期的神经细胞反应时间短，容易形成条件反射，即容易养成习惯。教师应该做好家长们的工作，帮助家长们抓住这一教育契机，让幼儿养成良好的行为习惯，减少伤害事故的发生。幼儿年龄小，自觉性和自制力都比较差，而安全行为的养成不是一两次教育就能奏效的。因此，教师应鼓励家长在条件允许的条件下加强幼儿的安全实践，事后以经常性的提醒、指导、帮助，来促使幼儿良好的安全行为不断得到强化，逐步形成自觉的安全行为和好的安全习惯。如果家长能够经常帮助幼儿参加社会实践，非常有助于幼儿养成安全习惯。

三、加强家园双方合作

在幼儿安全教育上，家庭与幼儿园有着共同的目标——必须把幼儿的安全放在第一位。加强家园双方合作，增进互利互动，形成有效支持，能促使幼儿安全教育得到全面、全程、全方位的落实。比如：在"自护自救"的安全教育主题活动中，可以邀请家长开展"家长助教"活动，鼓励家长走进课堂，参与安全教育活动。让当警察的家长讲解一些自救方面的知识，学习

遇到危险时如何逃生的本领等，让家长体验做“老师”，不但整合了各方教育资源，也使得幼儿园安全教育的内容和形式更为丰富。这种家庭和班级间的互动，有利于家园同步教育，对指导家庭开展幼儿安全教育大有裨益。

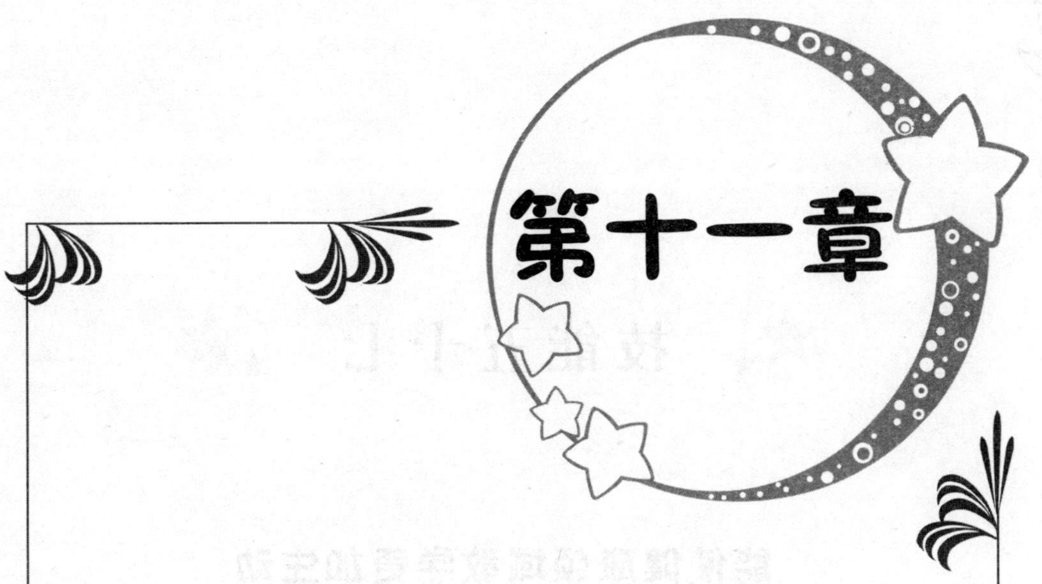

第十一章

合理运用多媒体

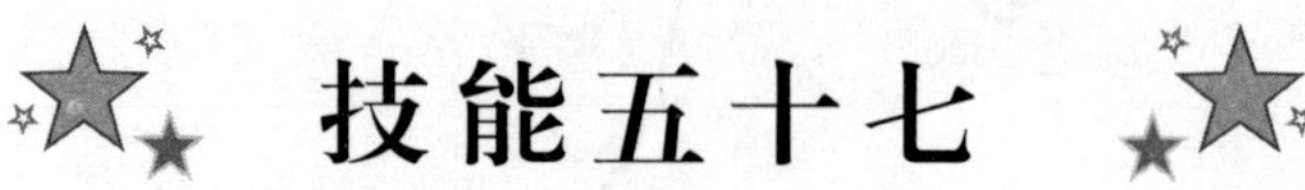

技能五十七

能使健康领域教学更加生动

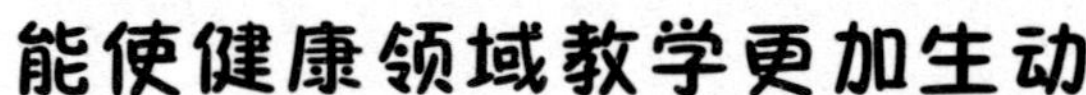

《幼儿园教育指导纲领（试行）》中指出：幼儿园应与家庭、社区密切合作，综合利用各种教育资源，共同为幼儿的发展创造良好的条件。现在是信息技术进行高速发展的时期，为此教学方式也要紧跟时代的步伐，多媒体等辅助教学在幼儿教育教学的运用就显得尤为重要。多媒体以强大的功能，运用图像、动画、声音、文字等信息，给幼儿教育从内容到形式都赋予了很多新变化，对教学效果产生了显著的影响。

《幼儿园教育指导纲领（试行）》指出："我们要让幼儿知道必要的安全保健常识。"为了让孩子们在快乐中掌握日常的常规，形成良好的习惯，能够健康成长，多媒体的应用也会起到绘声绘影的结果。比如，一些幼儿在平时喜欢用手挖鼻孔，结果造成鼻孔发炎、流血。如果教师遇到这类情况，可以运用多媒体教学，让幼儿观看动画片《不要随便挖鼻孔》，引导幼儿观察这个小朋友的鼻孔为什么会疼，会什么会流血？并请幼儿讨论如何保护鼻孔，应该养成什么样的好习惯等。通过运用多媒体应用，不但可以引起幼儿的兴趣，而且通过这样生动、直观的教育，改掉了幼儿挖鼻孔坏毛病，也懂得了要保护好自己的鼻子。

《幼儿园教育指导纲领（试行）》中还指出：幼儿园必须把保护幼儿的生命和促进健康放在首位。这就要求教师时刻关注幼儿的健康问题，合理运用多媒体技术提高教学效率。比如：在传染病多发季节，要让幼儿养成良好的卫生习惯，学习一些预防传染病的方法。教师可以把这些健康常识制作成课件，让幼儿通过形式、声音、色彩和感受学到正确的预防疾病好办法。对处于关键期的幼儿来讲，培养良好心理素质，进行心理的自我保护更是十分重要。为此教师可以选择符合幼儿年龄特点的动画片，通过让幼儿观看相关的动画片，为幼儿培养开朗的性格和乐观的情绪打下坚实的基础。

技能五十八

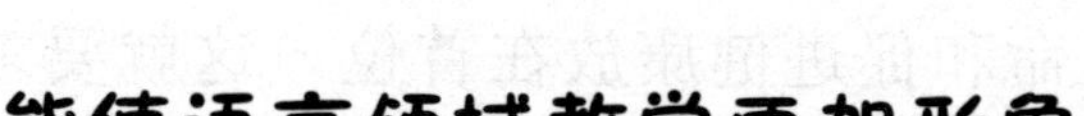

能使语言领域教学更加形象

《幼儿园教育指导纲领（试行）》中指出："创造一个自由、宽松的语言交往环境，支持，鼓励，吸引幼儿与教师、同伴或其他人交谈，体验语言交流的乐趣。"一方面，多媒体教学在语言领域地应用，不但能将故事的意境、内容、语言结合在一起，并以生动有趣的画面展现出来，而且能极大地激发幼儿的学习兴趣和积极性。另一方面，教师合理地运用多媒体教学，可以帮助其突破教学难点，充分活跃幼儿思维，使教学过程充满童心、童趣，为幼儿创造了一个自由、宽松的语言交往环境。

由于每个年龄阶段的幼儿的发展特征不同，教师应注重让孩子在语言环境中学习，以主动学习、自主发展为主，重视幼儿的人格和个性发展。可是幼儿的知识水平和认知能力毕竟有限，自我表达能力弱，此时，孩子会在语言学习中会遇到各种问题。这时，教师可以借助多媒体技术辅助教学，将教学内容形象、生动、鲜明地表现出来，把静态知识动态化，抽象知识形象化，枯乏知识趣味化。比如在学习古诗《风》的过程中，多数幼儿感觉学习比较枯燥、乏味，尤其诗句中的情景很抽象，幼儿很难理解。教师可以把这首古诗内容制作成课件，将静态的、抽象的画面变成动态的、生动形象的情景，特别是生动地表现出风轻轻吹来，将树上的树叶吹落，又吹到竹林中，竹子发出飒飒的声响，让幼儿在悠扬的音乐中感受诗中美妙的画面，犹如身临其境，从而积极主动地参与活动，来感受诗句，理解诗意和从音乐中获得审美享受。

幼儿生活范围、经验的有限，有些知识内容和经验不足。这就存在教师如何选择教学内容，如何设计教学活动等问题。比如语言课程“保护地球”，如果教师只是一味地向幼儿讲解地球多么美好，保护环境多么重要，那么对于幼儿来说，这些很空泛、虚无的表述很难真正地让他们认识到保护地球的重要性。毕竟幼儿年龄小，没有见过那么多的情景，更不可能认识到污染的严重性和保护地球的意义。这时，教师可以把这些教学内容与多媒体技术相结合，让幼儿看到蔚蓝的天空、清澈的河流、美丽的森林、五彩的花朵等景色，让他们从感官刺激直接感受和认识到地球原来是这么美丽。另一方面，也让幼儿看到，被污染的海洋、鸟类身上沾满沥青垂死挣扎、鱼类在污染的水域渐渐窒息等画面，与前面美好的景色做强烈的对比，可以深深

地触动孩子们的心灵，从而让他们体会到保护地球的意义和重要性。

在语言领域的教学中，教师的语言对于描述有些抽象的东西实在是力量有限，尤其是针对一些古诗词的课程时，即使教师说上半天，幼儿的感受能力也不会很明确，而在运用多媒体技术后就不一样了，多媒体创造出的美妙情境，显现出语言表达的魅力，打破了传统的教学模式，优化了教学效果。

技能五十九

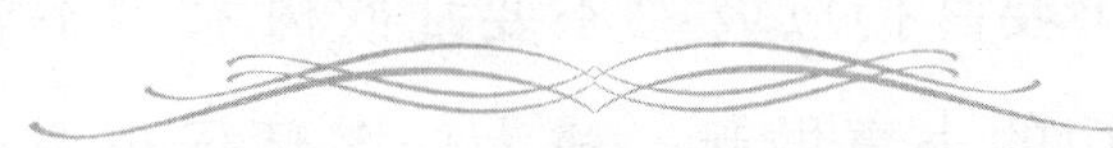

能使社会领域教学更加贴近生活

《幼儿园教育指导纲领（试行）》中指出：“幼儿社会态度和社会情感的培养尤应渗透在多种活动和一日生活的各个环节之中，要创设一个能使幼儿感受到接纳、关爱和支持的良好环境，避免单一呆板的言语说教。”在传统的幼儿园社会教学中，教师进行的大多是填鸭式的教学，幼儿死记硬背，其结果导致幼儿厌学，丧失学习积极性，教学效果不好。而多媒体技术以其丰富多样、形象直观的表现形式，能够满足教师在社会领域教学方面的要求。比如，社会活动“我是环保小卫士”中，先运用多媒体课件，中央电视台“我是环保小卫士”的视频，让幼儿深刻地感受到绿色使者的感人故事。然后切合生活实际，让幼儿了解垃圾可以进行分类，有些垃圾可以再回收利用。接着，利用课件，把各种不同的垃圾，如塑料类、纸类、金属类、有害物质等投放到大屏幕上，通过智力游戏活动，亲自将它们分类为可回收、不可回收和有害垃圾。最后，为了加深幼儿对保护环境的深刻体验，教师可以出示发生在幼儿身边的乱扔垃圾行为的图片，鼓励幼儿对这些行为进行评价。当幼儿对这些行为作出正确的评价后，教师可以再次运用多媒体课件，出示一些公益标语:“不要乱扔垃圾”“不要乱砍树木”“不要浪费水”等，鼓励幼儿从身边的小事做起，成为一名环保小卫士。多媒体技术在社会领域教学活动中的运用,使幼儿的社会认知、社会情感、社会行为升华到了更高层次。这是传统社会教学活动无法达到的效果。

在社会领域教学时不难发现，与幼儿现实生活联系越紧密的内容越容易引起幼儿的兴趣，并容易为幼儿所理解和掌握。为此，教师在运用多媒体进行社会领域教学时，要从幼儿的理解和掌握能力出发，考虑到幼儿的生活经验非常有限，选择的课件内容要建立在幼儿原有的经验基础上，并以各种可感知的方式呈现在幼儿面前，使教育内容真正被幼儿所理解、接受并内化为自己的知识，继而产生特定的情感和行为。

技能六十

能使科学领域教学更加具有感染力

《幼儿园教育指导纲领（试行）》中指出："要激发幼儿的好奇心和探索欲望，为每个幼儿都能运用多种感官、多种方式进行探索提供活动的条件，发展认知能力。"由于幼儿在生活中缺乏对许多事物的生活体验，尤其缺乏一些基本生活常识，所以在开展科学领域教学中，教师遇到了很多困难和问题。这时，多媒体的优势略显突出，教师在科学活动中有选择地加以恰当运用，不但能使常识教育活动突破时空限制，变得生动、形象、具体，而且更容易被孩子理解和接受。比如，在科学活动"小水滴旅行记"中，向幼儿讲解水有液态、气态和固态三种状态，在一定条件下它们可以相互变化和循环的。由于环境限制，现实生活中无法给予幼儿亲自感受小水滴旅行的过程，所以大多数幼儿难以理解和接受。这时可以在整个活动中运用多媒体的教学方法，从满足他们思维具体形象的特点出发，把小水滴的旅行过程制成课件，为幼儿提供一个具体的、直观的物象，将他们带入小水滴的旅行过程的“实景”中。因为课件中的画面给幼儿留下了很深的印象，又可以亲身体验旅行的过程，因此在活动中幼儿的注意力十分集中，而且提高了学习兴趣和主动参与的能力。

《幼儿园教育指导纲领（试行）》中也指出：“数学反映的事物之间的关系，儿童应更多地通过真实的问题情景产生运用数学来解决问题的需要，并且亲自实践，在探索中发现数学和学习数学，使数学实践活动成为数学认识发生与发展的基础。”这时，枯燥、死板的数学活动在多媒体手段的作用下，就会变得和游戏一样十分有趣、生动、好玩。比如，在数学教学“认识图形”中，幼儿对抽象的图形很难有完整的概念。教师可以把这个数学活动做成图形课件，利用图像、声音创设生动的学习情境，让幼儿根据生活中的实物，从而认识三角形、圆形、正方形等。还可以在活动中设计图形对对碰等课件游戏，发展幼儿的发散思维能力。通过游戏，幼儿既可以玩得开心，又可以达到了活动的目标。

再比如“认识人民币”活动中，如果直接向幼儿出示人民币，讲解元、角、分，幼儿因为缺乏生活体验，教学效果不佳。如果在认识元、角、分时，利用多媒体教学展示出热闹的购物场景，由此引出生活场景——买东西。让幼儿通过模拟的网上购物，认识各种面值的人民币，并且知道各面值人民币之间简单进率。通过多媒体技术展示模拟的各种现实情境游戏，避免了枯燥无味的教学形式，大大激发了幼儿学习数学的兴趣，提高了幼儿解决问题的能力。

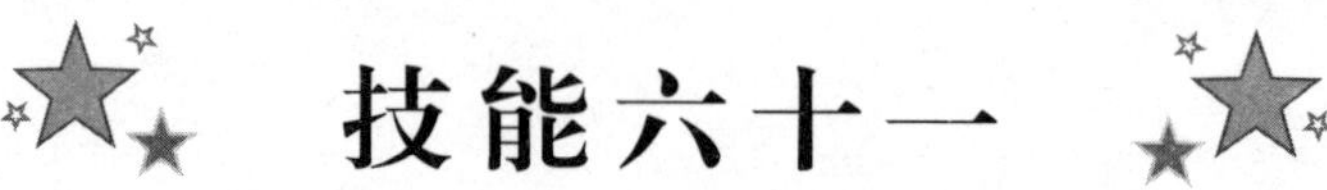

技能六十一

能使艺术领域教学更加凸显个性

兴趣是最好的老师。在艺术领域教学中，运用多媒体技术，其中轻松活泼、流畅自由的情境能有效地激发幼儿的学习动机，活跃课堂气氛，让幼儿在轻松的氛围中拓宽想象力，激发学习兴趣。

传统的美术教学模式，教师出示范例—讲解范例—幼儿模仿—教师讲评，对幼儿来说，这种枯燥的形式缺少审美的感知，幼儿的作品往往千篇一律，依样画葫芦。目前迅猛发展的动画技术可以形象直观地展现生活中某些幼儿无法亲自感受的事物。比如，在美术课“可爱的小刺猬”中，可通过多媒体，让幼儿认识小刺猬的各种形态，了解刺猬的生活习性，以及在觅食时的不同动作方法，还有发生危险或者打架时的样子，帮助幼儿在观察、欣赏图片后，结合讲述及讨论交流，在意识中形成刺猬的整体形象，这样幼儿绘画起来就不再是千篇一律，达到了多种多样的绘画效果，培养了幼儿想象力，为绘画奠定了基础。再比如，在美术活动“能干的小手”中，重点是激发幼儿对撕纸艺术的浓厚兴趣，感受我国的民俗民风。如果运用传统的教学方法，教师的示范只能面向部分幼儿，有些视线被遮挡的幼儿可能看不清楚，教师需要分组示范，这样不但容易分散幼儿的注意力，而且教学效率不高。运用多媒体技术后，教师通过传统的民间工艺品的实物图片进行示范讲解，利用民间工艺品作为撕纸素材，不但解决了教师示范遮挡幼儿视线的问题，而且缩短示范讲解时间，使幼儿有了更多实际操作的机会。

在幼儿园音乐欣赏等教学活动中适时、适量、适度地运用多媒体辅助教学，能活跃课堂教学氛围，提高教学的灵活性，同时有利于激发孩子们主动学习的积极性和参与性，使幼儿在轻松愉快的教学环境中去感受美、体验美、欣赏美、创造美，从而达到培养幼儿的审美能力。比如：在音乐教学“小红帽》”时，教师可以事先播放这个故事的动画，让幼儿了解故事中的主要情节，找出自己喜欢的角色，这样可以有效地让幼儿融入故事角色中，感受音乐的魅力。在音乐教学中不能对幼儿进行死板的填鸭式教学，应采用灵活多样的教学形式，充分调动幼儿的各种感官，培养孩子的想象力、思维能力和表现能力，为他们营造积极、自主学习的氛围。

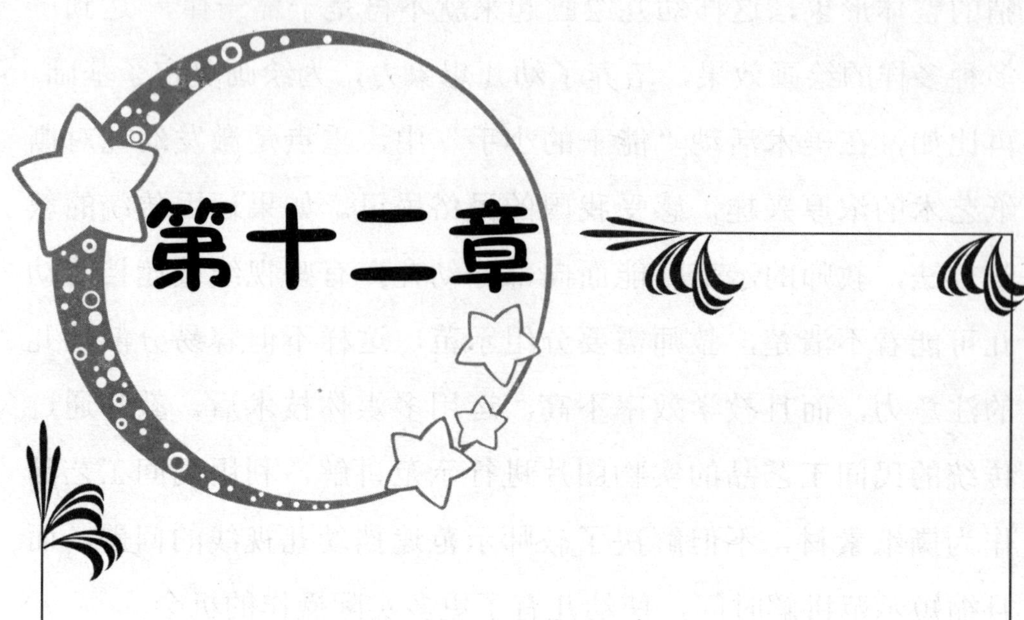

第十二章

构建家园教育合力

技能六十二

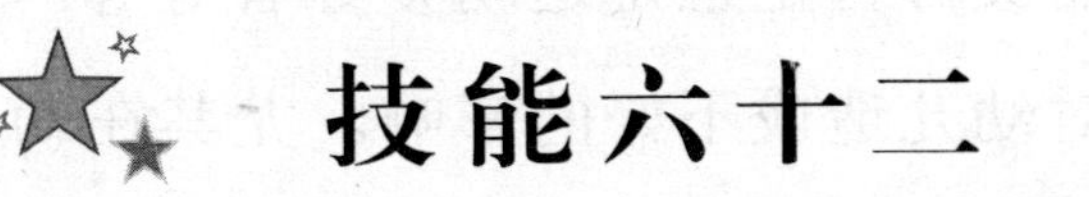

帮助家长真正成为合格的第一任老师

良好的家庭教育，对幼儿的进步和影响是终生难忘的，而父母是孩子的第一任老师，对孩子的影响尤为重大，往往可以影响他们的一生。幼儿从咿咿呀呀学话到蹒跚迈步，以至于长大成人，都离不开父母潜移默化的影响，因此父母不但是幼儿的启蒙老师，更是幼儿的终身老师。可是，现实生活中，一些家长把教育孩子的责任过多地推给幼儿园和学校老师，甚至认为自己只有养育和照顾孩子的责任，而教育孩子是老师的事。这种观点和做法是不科学的，忽视自身的教育责任更是错误的。为此，教师应该帮助家长认识到自己本身就是一个教育者，对孩子的教育责任是不能推卸和躲避的。在具体的工作中，可以运用多种方法强化和激发家长对自身角色的认识，促进家长转变观念，帮助家长真正成为合格的第一任老师。

一、让家长认识到自己的行为对幼儿的影响

在生活中，家长每时每刻的言谈举止都会对幼儿产生影响，比如，幼儿喜欢看书，往往他的父母平时也喜欢看书；幼儿喜欢户外运动，他的父母肯定也是运动爱好者等等。反之，家长不好的行为也会对幼儿造成不好的影响。尤其在幼儿学习做人方面，主要是家长平时的自身行为影响的结果。有关研究已经表明，家庭在孩子智力和性格发展等方面的影响率要占 70% 以上。因此，在教育孩子问题上，家长要注意自己的不经意行为对孩子造成的影响。

二、鼓励家长做幼儿的榜样，树立良好的形象

家庭和幼儿园是两个不同的地方，谁也不能取代谁，在幼儿园里，教师就是幼儿学习的榜样，而在家庭里，家长就应该是幼儿模仿和学习的榜样。因此，家长要承担起“孩子学习的好榜样”的责任，把握住任何树立良好形象的机会。比如，吃饭时，要等老人入座后才吃；坐车时，要主动给老人让座位；买东西时，要排队等候等等。家长的一举一动都是孩子模仿的榜样，所以家长必须要树立良好的形象，让孩子从自己的身上学到正面的、积极的东西。

三、让家长认识到教育是一个长期的任务

好习惯的养成不是一朝一夕就能实现的。毕竟幼儿年龄小，自控能力差，很多行为还没有完全内化成自身的习惯，所以家

长要认识到教育是一个长期的任务，坚持做到始终如一。当幼儿出现好的行为时，家长要及时给予肯定和表扬，当出现不好的行为时，也要及时纠正。放任不管或者打骂呵斥幼儿都会引起反作用，还会让幼儿产生心理困惑，不知道应该怎么做。

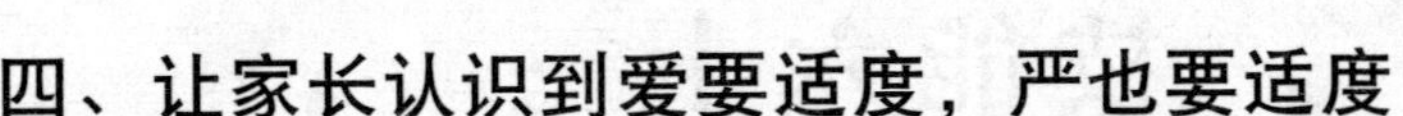

四、让家长认识到爱要适度，严也要适度

爱是教育的前提，但是爱要适度，严也要适度。无度的爱会容易形成溺爱，无度的严则会压抑幼儿，这些都不利于幼儿的成长。教师要帮助家长认识到，爱要适度，严也要适度，从幼儿的实际出发，适当地加以引导和教育，让幼儿在一个平等、幸福、公平的家庭环境中健康成长。

技能六十三

帮助家长为幼儿创设良好的家庭教育环境

家庭是幼儿成长的最重要环境，幼儿对自己的家庭感觉是和睦的还是矛盾的，是宁静的还是烦躁的，是精神面貌积极向上的还是颓废的，都非常敏感。所以家庭环境营造得是否良好、宽松，是家教育成功与否的前提条件。要想为幼儿创造一个和睦、温馨的家庭环境，可以从下面几个方面入手。

首先，营造一个和睦、温馨、民主的家庭环境。从儿童身心的发展规律来看，家长营造一个和睦、温馨、民主的家庭环境，对幼儿的身心发展是有利的。幼儿生活在这样的家庭环境中，他的身心一定能得到健康发展。相反，如果孩子生活在一个矛盾重重，甚至父母闹离婚的家庭中，他的幼小心灵肯定无法承受感情折磨，也不能适应父母带他的孤单和冷漠，长此以往，幼儿很容易产生悲观失望等消极情绪，对他的身心健康十分不利。由此可见，不同的家庭环境，对孩子的成长有不同的影响，作为家长，应该努力为孩子创建一个和谐友爱的家庭，为孩子的健康成长提供良好的家庭环境。

其次，重视家庭成员间和睦、亲切、愉快的家庭氛围。父母及家庭成员之间要互相尊重，不要当着幼儿的面争吵，在日常生活和处理问题时表现出的谦让、互助、勤劳、朴素、关心他人、尊老爱幼等品德，会使幼儿受到耳濡目染、潜移默化的影响。幼儿在生活中不断地感受和体验家庭的良好氛围，自然会形成好习惯，最后树立正确的人生观。

最后，尊重和关注幼儿的自我感受。幼儿虽然年龄小，但是他们也有自己的想法。家长要学会倾听、了解幼儿的内心需要，尊重和关注他们的自我感受。在与幼儿交谈的过程中，家长不要打断幼儿讲话，让幼儿能够有倾诉的机会，建立起平等、融洽的亲子关系。

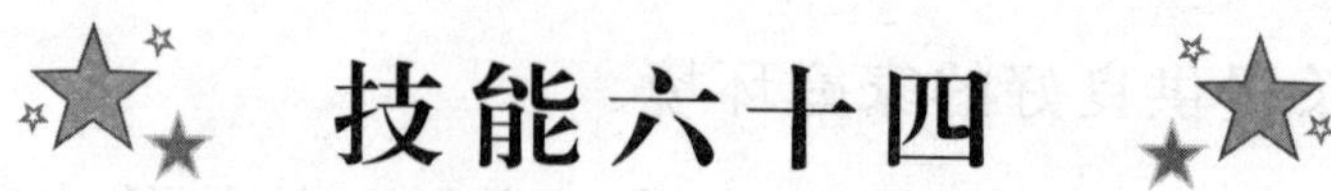

技能六十四

教师应与家长保持一致进行教育

家长出于对幼儿园和教师的信任，将孩子托付给幼儿园，双方的教育目标是一致的，都是为了让幼儿健康成长。因此，教师应尽可能地与家长交流、沟通，保持思想与教育观念的一致，建立合作伙伴关系。事实证明，家长和教师合作一致进行教育，才能取得最佳的教育效果。

要想与家长保持一致的教育观念，营造与家长合作的友好氛围，教师应考虑不同家长的文化差异，尊重和体谅家长的想法和意见，通过交流和沟通来商定培养计划，形成教育的合力，以求取得共同促进幼儿身心发展的良好效果。

1．教育要求保持一致

教师要视家长为朋友，尊重家长的意见，虚心听取家长的建议，乐意与家长交谈，这种前提下建立的关系就会比较融洽。

同时，家庭成员也要在幼儿教育问题上保持高度一致，不论是在父母之间，祖父母之间，还是父母和祖父母之间。这样做有利于幼儿建立明确的是非观念和行为准则，避免幼儿无所适从。

2．加强个别化教育

家长与教师的共同目标都是教育好孩子。正因为有共同的目标基础，故彼此应充满信任，在彼此尊重的基础上，客观对待孩子教育问题。每个幼儿的特点不同，教育方法也有所差别。教师应要重视个别教育，与家长之间更好地合作。教师应与家长共同分析幼儿的具体情况，从幼儿的实际出发，制定符合幼儿自身特点的发展目标和家园合作计划。

3．共同合作解决困难和问题

在幼儿园，教师需要照顾的幼儿比较多，放学时跟各家长每次交流的时间不会很长，所以家长最好事先跟幼儿有充分的交流，对幼儿的情况有全面客观的把握，然后带着问题跟教师交流。教师要积极回应家长的要求，帮助家长及时解决在教育孩子过程中遇到的困难和问题。由于家长与教师的社会角色不同，在教育的理念方面也会存在差异，因此在交流中有可能产生矛盾。这时，教师应给予家长更多的包容，在主动沟通中积极合作，共同教育孩子。在孩子健康成长的过程中，家长与老师应形成教育共同体，统一战线，形成优势互补，良好的教师与家长关系，有助于孩子在幼儿园健康快乐地成长。

技能六十五

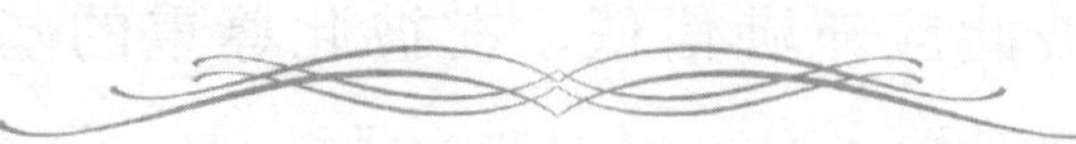

教师要与家长沟通与配合

《幼儿园教育指导纲领》（试行）指出：“家庭是幼儿园重要的合作伙伴，应本着尊重平等合作的原则，争取家长的理解，支持和主动参与，并积极支持、帮助家长提高教育能力。”教师经常与家长进行沟通，不但有利于幼儿的健康成长，而且也有利于获得各种反馈信息，改进教学工作。

在实际工作中，教师应注重与家长进行沟通的方式和态度，这样才能实现幼儿园教育与家庭教育相互支持，相互配合。

一、作为一个幼儿教师，必须具备的能力就是与家长进行高效的沟通。

虽然不同的家长有不同的教育观点，但是教师不要对家长的行为直接进行评判，避免引起家长的反感，而要真实地陈述幼儿的表现，语气委婉，态度平和。可以先肯定幼儿的优点和突出表现，然后再指出幼儿存在的问题，先扬后抑。其实，每个幼儿身上都会有优点和缺点，再好的幼儿也会有不足之处，再差的幼儿也会有闪光点，教师只有对幼儿进行客观的评价，运用恰当的语言进行沟通，就能够获取家长的信任，促使家长满怀信心地进一步配合教师的教育工作。

二、沟通是双向的

教师在与家长联系交流时，不要认为幼儿园在科学育儿方面强于家长，也不要凭借自己的专业优势，以教育者的姿态对家长进行教育。事实上，各个家长都有自己的教育方式，所以教师在与家长交流的同时，也要向家长学习，在沟通之中发现自己的不足，以便提高自己的教学方式。教师与家长是平等的，最终目的都是教育好幼儿，所以沟通要以平等、信任为基础。这样做不但能提高教师的育儿水平，拓展幼教的教学思路，而且提高了家长的主动性和参与性。

三、家长的积极参与是沟通的必要条件

由于各种原因，会出现个别家长没有主动与教师沟通的情况，这对家园共育是十分不利的。为此，教师应主动与家长谈论幼儿的情况，包括其在幼儿园的表现，以及对家长的建议等。同时，作为教师，也要鼓励家长采用各种形式与教师沟通，做好与家长沟通的工作，与家长一起合作，促进幼儿的健康成长。

结语

福禄贝尔认为："教师是幼儿学习的指导者，是良好环境的卫士。"从这句话不难看出，幼儿教师对幼儿教育起到了关键作用，其素质和修养的高低直接影响到幼儿的成长和发展。幼儿教师只有坚持不懈地充实自己、丰富自己、完善自己，才能胜任幼儿启蒙教育的重任。

教师一旦较好地掌握了教育技能就可根据不同的环境和情况灵活地加以运用以诱发幼儿活动的兴趣和动机，引导幼儿掌握知识、发展智力、形成能力。对于幼儿而言，能否真正地吸收教学内容与教师运用的教学方法有很大的关系。对于教师而言，能否有效地提高教学实效性，实现教学目的与其运用的教学方法也有很大的关系。本书根据幼儿园健康、语言、社会、科学、艺术等各项教育活动，帮助教师通过多种形式与方法去追求教学活动的趣味性、生动性、新颖性和实效性，以"趣"引路，充分调动幼儿的多种感官主动参与活动，更好地完成教学内容。